元素の

族 周期	1	2	3	4	5	6	7	8	9
1	1.008 1 **H** 水素 $1s^1$ 13.60　2.20								
2	6.941 3 **Li** リチウム $[He]2s^1$ 5.39　0.98	9.012 4 **Be** ベリリウム $[He]2s^2$ 9.32　1.57							
3	22.99 11 **Na** ナトリウム $[Ne]3s^1$ 5.14　0.93	24.31 12 **Mg** マグネシウム $[Ne]3s^2$ 7.65　1.31							
4	39.10 19 **K** カリウム $[Ar]4s^1$ 4.34　0.82	40.08 20 **Ca** カルシウム $[Ar]4s^2$ 6.11　1.00	44.96 21 **Sc** スカンジウム $[Ar]3d^14s^2$ 6.54　1.36	47.87 22 **Ti** チタン $[Ar]3d^24s^2$ 6.82　1.54	50.94 23 **V** バナジウム $[Ar]3d^34s^2$ 6.74　1.63	52.00 24 **Cr** クロム $[Ar]3d^54s^1$ 6.77　1.66	54.94 25 **Mn** マンガン $[Ar]3d^54s^2$ 7.44　1.55	55.85 26 **Fe** 鉄 $[Ar]3d^64s^2$ 7.87　1.83	58.93 27 **Co** コバルト $[Ar]3d^74s^2$ 7.86　1.88
5	85.47 37 **Rb** ルビジウム $[Kr]5s^1$ 4.18　0.82	87.62 38 **Sr** ストロンチウム $[Kr]5s^2$ 5.70　0.95	88.91 39 **Y** イットリウム $[Kr]4d^15s^2$ 6.38　1.22	91.22 40 **Zr** ジルコニウム $[Kr]4d^25s^2$ 6.84　1.33	92.91 41 **Nb** ニオブ $[Kr]4d^45s^1$ 6.88　1.6	95.96 42 **Mo** モリブデン $[Kr]4d^55s^1$ 7.10　2.16	(99) 43 **Tc** テクネチウム $[Kr]4d^55s^2$ 7.28　1.9	101.1 44 **Ru** ルテニウム $[Kr]4d^75s^1$ 7.37　2.2	102.9 45 **Rh** ロジウム $[Kr]4d^85s^1$ 7.46　2.28
6	132.9 55 **Cs** セシウム $[Xe]6s^1$ 3.89　0.79	137.3 56 **Ba** バリウム $[Xe]6s^2$ 5.21　0.89	57～71 ランタ ノイド	178.5 72 **Hf** ハフニウム $[Xe]4f^{14}5d^26s^2$ 6.78　1.3	180.9 73 **Ta** タンタル $[Xe]4f^{14}5d^36s^2$ 7.40　1.5	183.8 74 **W** タングステン $[Xe]4f^{14}5d^46s^2$ 7.60　2.36	186.2 75 **Re** レニウム $[Xe]4f^{14}5d^56s^2$ 7.76　1.9	190.2 76 **Os** オスミウム $[Xe]4f^{14}5d^66s^2$ 8.28　2.2	192.2 77 **Ir** イリジウム $[Xe]4f^{14}5d^76s^2$ 9.02　2.20
7	(223) 87 **Fr** フランシウム $[Rn]7s^1$ 4.0　0.7	(226) 88 **Ra** ラジウム $[Rn]7s^2$ 5.28　0.9	89～103 アクチ ノイド	(267) 104 **Rf** ラザホージウム $[Rn]5f^{14}6d^27s^2$	(268) 105 **Db** ドブニウム $[Rn]5f^{14}6d^37s^2$ 1.5	(271) 106 **Sg** シーボーギウム $[Rn]5f^{14}6d^47s^2$ 1.7	(272) 107 **Bh** ボーリウム $[Rn]5f^{14}6d^57s^2$ 1.9	(277) 108 **Hs** ハッシウム $[Rn]5f^{14}6d^67s^2$ 2.2	(276) 109 **Mt** マイトネリウム $[Rn]5f^{14}6d^77s^2$

凡例:
- 原子量 a) — 12.01
- 原子番号 — 6
- 元素記号 — C
- 元素名 — 炭素
- 電子配置 — $[He]2s^2p^2$
- 第一イオン化エネルギー (eV) — 11.26
- 電気陰性度 — 2.55

□ は典型元素
▨ は遷移元素

ランタノイド

138.9 57 **La** ランタン $[Xe]5d^16s^2$ 5.58　1.10	140.1 58 **Ce** セリウム $[Xe]4f^15d^16s^2$ 5.54　1.12	140.9 59 **Pr** プラセオジム $[Xe]4f^36s^2$ 5.46　1.13	144.2 60 **Nd** ネオジム $[Xe]4f^46s^2$ 5.53　1.14	(145) 61 **Pm** プロメチウム $[Xe]4f^56s^2$ 5.58　1.13	150.4 62 **Sm** サマリウム $[Xe]4f^66s^2$ 5.64　1.27

アクチノイド

(227) 89 **Ac** アクチニウム $[Rn]6d^17s^2$ 5.17　1.1	232.0 90 **Th** トリウム $[Rn]6d^27s^2$ 6.08　1.3	231.0 91 **Pa** プロトアクチニウム $[Rn]5f^26d^17s^2$ 5.89　1.5	238.0 92 **U** ウラン $[Rn]5f^36d^17s^2$ 6.19　1.38	(237) 93 **Np** ネプツニウム $[Rn]5f^46d^17s^2$ 6.27　1.36	(239) 94 **Pu** プルトニウム $[Rn]5f^67s^2$ 5.8　1.28

a) 原子量は有効数字 4 桁で示す（IUPAC 原子量委員会で承認ずみ）．安定同位体がなく，同位体の天然存在比が一定しない元素は，その元素の代表的な同位体の質量数を（ ）の中に示してある．

周　期　表

10	11	12	13	14	15	16	17	18	族／周期
								4.003 $_2$He ヘリウム 1s^2 24.59	1
			10.81 $_5$B ホウ素 [He]2s^{2}p^1 8.30　2.04	12.01 $_6$C 炭素 [He]2s^{2}p^2 11.26　2.55	14.01 $_7$N 窒素 [He]2s^{2}p^3 14.53　3.04	16.00 $_8$O 酸素 [He]2s^{2}p^4 13.62　3.44	19.00 $_9$F フッ素 [He]2s^{2}p^5 17.42　3.98	20.18 $_{10}$Ne ネオン [He]2s^{2}p^6 21.56	2
			26.98 $_{13}$Al アルミニウム [Ne]3s^{2}p^1 5.99　1.61	28.09 $_{14}$Si ケイ素 [Ne]3s^{2}p^2 8.15　1.90	30.97 $_{15}$P リン [Ne]3s^{2}p^3 10.49　2.19	32.07 $_{16}$S 硫黄 [Ne]3s^{2}p^4 10.36　2.58	35.45 $_{17}$Cl 塩素 [Ne]3s^{2}p^5 12.97　3.16	39.95 $_{18}$Ar アルゴン [Ne]3s^{2}p^6 15.76	3
58.69 $_{28}$Ni ニッケル [Ar]3d^{8}4s^2 7.64　1.91	63.55 $_{29}$Cu 銅 [Ar]3d^{10}4s^1 7.73　1.90	65.38 $_{30}$Zn 亜鉛 [Ar]3d^{10}4s^2 9.39　1.65	69.72 $_{31}$Ga ガリウム [Ar]3d^{10}4s^{2}p^1 6.00　1.81	72.63 $_{32}$Ge ゲルマニウム [Ar]3d^{10}4s^{2}p^2 7.90　2.01	74.92 $_{33}$As ヒ素 [Ar]3d^{10}4s^{2}p^3 9.81　2.18	78.96 $_{34}$Se セレン [Ar]3d^{10}4s^{2}p^4 9.75　2.55	79.90 $_{35}$Br 臭素 [Ar]3d^{10}4s^{2}p^5 11.81　2.96	83.80 $_{36}$Kr クリプトン [Ar]3d^{10}4s^{2}p^6 14.00　3.0	4
106.4 $_{46}$Pd パラジウム [Kr]4d^{10} 8.34　2.20	107.9 $_{47}$Ag 銀 [Kr]4d^{10}5s^1 7.58　1.93	112.4 $_{48}$Cd カドミウム [Kr]4d^{10}5s^2 8.99　1.69	114.8 $_{49}$In インジウム [Kr]4d^{10}5s^{2}p^1 5.79　1.78	118.7 $_{50}$Sn スズ [Kr]4d^{10}5s^{2}p^2 7.34　1.96	121.8 $_{51}$Sb アンチモン [Kr]4d^{10}5s^{2}p^3 8.64　2.05	127.6 $_{52}$Te テルル [Kr]4d^{10}5s^{2}p^4 9.01　2.1	126.9 $_{53}$I ヨウ素 [Kr]4d^{10}5s^{2}p^5 10.45　2.66	131.3 $_{54}$Xe キセノン [Kr]4d^{10}5s^{2}p^6 12.13　2.7	5
195.1 $_{78}$Pt 白金 [Xe]4f^{14}5d^{9}6s^1 8.61　2.28	197.0 $_{79}$Au 金 [Xe]4f^{14}5d^{10}6s^1 9.23　2.54	200.6 $_{80}$Hg 水銀 [Xe]4f^{14}5d^{10}6s^2 10.44　2.00	204.4 $_{81}$Tl タリウム [Xe]4f^{14}5d^{10}6s^{2}p^1 6.11　2.04	207.2 $_{82}$Pb 鉛 [Xe]4f^{14}5d^{10}6s^{2}p^2 7.42　2.33	209.0 $_{83}$Bi ビスマス [Xe]4f^{14}5d^{10}6s^{2}p^3 7.29　2.02	(210) $_{84}$Po ポロニウム [Xe]4f^{14}5d^{10}6s^{2}p^4 8.42　2.0	(210) $_{85}$At アスタチン [Xe]4f^{14}5d^{10}6s^{2}p^5 9.5　2.2	(222) $_{86}$Rn ラドン [Xe]4f^{14}5d^{10}6s^{2}p^6 10.75	6
(281) $_{110}$Ds ダームスタチウム [Rn]5f^{14}6d^{9}7s^1	(280) $_{111}$Rg レントゲニウム [Rn]5f^{14}6d^{10}7s^1	(285) $_{112}$Cn コペルニシウム [Rn]5f^{14}6d^{10}7s^2	(278) $_{113}$Nh ニホニウム [Rn]5f^{14}6d^{10}7s^{2}p^1	(289) $_{114}$Fl フレロビウム [Rn]5f^{14}6d^{10}7s^{2}p^2	(289) $_{115}$Mc モスコビウム [Rn]5f^{14}6d^{10}7s^{2}p^3	(293) $_{116}$Lv リバモリウム [Rn]5f^{14}6d^{10}7s^{2}p^4	(293) $_{117}$Ts テネシン [Rn]5f^{14}6d^{10}7s^{2}p^5	(294) $_{118}$Og オガネソン [Rn]5f^{14}6d^{10}7s^{2}p^6	7

152.0 $_{63}$Eu ユウロピウム [Xe]4f^{7}6s^2 5.67　1.2	157.3 $_{64}$Gd ガドリニウム [Xe]4f^{7}5d^{1}6s^2 6.15　1.20	158.9 $_{65}$Tb テルビウム [Xe]4f^{9}6s^2 5.86　1.2	162.5 $_{66}$Dy ジスプロシウム [Xe]4f^{10}6s^2 5.94　1.22	164.9 $_{67}$Ho ホルミウム [Xe]4f^{11}6s^2 6.02　1.23	167.3 $_{68}$Er エルビウム [Xe]4f^{12}6s^2 6.11　1.24	168.9 $_{69}$Tm ツリウム [Xe]4f^{13}6s^2 6.18　1.25	173.1 $_{70}$Yb イッテルビウム [Xe]4f^{14}6s^2 6.25　1.1	175.0 $_{71}$Lu ルテチウム [Xe]4f^{14}5d^{1}6s^2 5.43　1.27	ランタノイド
(243) $_{95}$Am アメリシウム [Rn]5f^{7}7s^2 6.0　1.3	(247) $_{96}$Cm キュリウム [Rn]5f^{7}6d^{1}7s^2 6.09　1.3	(247) $_{97}$Bk バークリウム [Rn]5f^{9}7s^2 6.30　1.3	(252) $_{98}$Cf カリホルニウム [Rn]5f^{10}7s^2 6.30　1.3	(252) $_{99}$Es アインスタイニウム [Rn]5f^{11}7s^2 6.52　1.3	(257) $_{100}$Fm フェルミウム [Rn]5f^{12}7s^2 6.64　1.3	(258) $_{101}$Md メンデレビウム [Rn]5f^{13}7s^2 6.74　1.3	(259) $_{102}$No ノーベリウム [Rn]5f^{14}7s^2 6.84　1.3	(262) $_{103}$Lr ローレンシウム [Rn]5f^{14}6d^{1}7s^2	アクチノイド

化学はじめの一歩シリーズ 2

物理化学

真船文隆・渡辺 正 著
Fumitaka Mafune & Tadashi Watanabe

化学同人

『化学はじめの一歩シリーズ』刊行にあたって

──「粒子の居心地」で解く化学現象──

ナイロンは石炭と水と空気からできた──2001 年度ノーベル化学賞に輝いた野依良治先生は，中学入学前の春休みに父上と出向いた化学企業の製品発表会でそのことを知り，進路を心に決められたとか．「化け学」パワーとの遭遇でした．いま必須アイテムの携帯電話も化学の知恵と技術から生まれ，機能部品のあれこれは，30 種以上の元素を巧みに組みあわせた無機物質の群れだといえます．

研究や製品開発の道に進む人は，物質世界にひそむ原理やルールをつかみ，それを新しい発見や創造につなげるのが仕事になります．また，身近には化学の製品があふれ，暮らしで出合う化学現象も多いため，どこかの段階で化学を離れる人も，つかんだ原理を以後の人生に活用できるはず．大学で学ぶ化学は，どちらの道をとる人にも役立つものであるべきでしょう．

本シリーズは，入学直後の学生が本格的な教科書に挑む前の肩ならしができるよう，五つの領域に分けて化学の基礎原理を解説するものです．

化学の基礎原理とは何か？　自然界には 90 種ほどの元素があって，原子どうしの働き合いが数千万種の物質を生み，さまざまな化学現象を起こす──そのことを心に置き，基礎原理を問いの形で表せば，次の 4 項目になりましょうか．

①ある原子は，なぜそういう性質をもつのか？
②原子どうしは，なぜつながりあうのか？
③ある化学変化は，なぜその向きに進むのか？
④ある物質は，なぜそういう性質をもつのか？

あいにく日本の高校化学はこうした「なぜ？」をほとんど扱わないので，大学入学後に頭のリセットが欠かせません．高校─大学間の断絶によく配慮しつつ，大学 1 年生の頭のリセットを助け，広大な化学の領域を見晴らせる展望台を提供したい──それが執筆者一同の願いでした．

原子がつながりあえば分子やイオンが生まれ，原子間の結合は電子がつくる．すると上記の①～④は，「原子の性質や化学変化のありさまは，電子のどんな性質で決まるのか？」という 1 個の問いに集約され，その答え（いわば化学の**大原理**）はこのようになりそうです．

電子は，できるだけ居心地のいい状態になりたい．

電子の居心地は「エネルギー」の値に翻訳でき，エネルギーが高いほど居心地が悪く（不安定＝活性），低いほど居心地がいい（安定＝不活性）．少なくとも上記の①と②は，そこに注目して考えると答えが導き出せます．

また③と④は，電子（や原子・分子・イオン．まとめて「粒子」）1 個 1 個だけでなく，粒子集団全体の居心地がどうなるかという話になり，それを決めるのもやはりエネルギーの高低だといえます．

　こうした事情はミクロ世界にとどまりません．水の表面が水平になり，川が低いほうに流れ，リンゴが下に落ち，地球が太陽のまわりを回るなど，目に見えるマクロ世界も同じです．どれも，物理法則に従って物体がいちばん安定な形となる，あるいは安定化しようとして現れる現象なのですから．

　本シリーズの巻それぞれでは，以上のポイントをなるべく外さず，化学の本質を伝えようと心がけました．まず，やや「化学っぽさ」に欠ける『化学基礎』は，エネルギーの物理的イメージを明らかにするものです．

　化学の大切な基本理論をじっくり説くのが『物理化学』で，暗記モノと思われがちな炭素化合物の性質および反応を解きほぐすのが『有機化学』．多様な元素が織りなす物質世界のルールを明るみに出すのが『無機化学』，沈殿生成や色変化，分離などを支配する原理を眺めるのが『分析化学』になります．

　自然科学の他分野と比べて化学がわかりにくいのは，電子はむろんのこと，原子・分子・イオンなど主役を演じる粒子たちが目に見えないため，話を実感しにくいところです．そこは観念するしかないとはいえ，ミクロ世界のありさまをどれほどありありと想像できるかが，「化学力」の核心になります．**大原理**にからむ粒子の「居心地」や「エネルギー変化」を手がかりに想像力を養い，基礎力をつけていただけば，執筆者一同それに過ぎる喜びはありません．

　2013 年 11 月

執筆者を代表して　　渡　辺　　正

まえがき

　化学はじめの一歩シリーズ『物理化学』へ，ようこそ.

　化学のなかで物理化学は，いちばんズボラで楽な，つまりオトクな分野だと思ってよい. 覚える事項は少ないし，ポイントをつかみさえすれば，幅広い展望が手に入る.

　ご承知のように，化学では物質を扱う. 物質の種類はたいへん多く，原子のつながりが少し変わるだけで性質もガラリと変わる. そうした物質の多様性が「化学っぽさ」なのだけれど，物理化学では，「万物に共通することは何か」を考える. 共通点を学べば，どんな物質に出合っても性質の見当がつく.

　高校化学を学んだ皆さんは，「無機化学」や「有機化学」はイメージしやすいだろうが，「物理化学」はイメージしにくいかもしれない. 高校化学で出合う理屈っぽい基礎の部分が，物理化学だと考えよう.

　ただし高校化学の教科書には，たとえば「温度が一定なら平衡定数の値は一定」と書いてあっても，「なぜそうなのか？」は意外に書いてない. そうした理屈の背後を探る営みが，物理化学の根幹をなす. つまり，ひたすら「なぜそうなのか？」をくり返し，物質たちのふるまいを掘り下げていく.

　本書の内容は，できるだけ簡単なものから始め，少しずつ複雑なものへと広がるようにした. 1〜3章では，いちばん単純な原子（水素原子）を出発点に，やや複雑な元素やいくつかの原子も眺める. 4章では原子どうしがつながって分子になる理由を，5章では分子と分子が引き合う理由をつかむ. 6章と7章は，原子・分子集合体のふるまいを司る熱力学を学ぶ. 以上をもとに8章以降では，化学反応と化学平衡，電気化学，光と分子のからみ合いなどを探っていこう.

　紙幅も十分ではないため，百科事典ふうに「物理化学の全体」を伝えることはせず，素材は大事だと思うものにかぎった.

　実のところ「なぜ？」の答えは，原子や分子1個1個のミクロ世界でも，無数の粒子がつくるマクロ世界でも，「粒子たちが居心地よくなりたいから」に尽きる. けれど，それでは身もフタもないから，多彩きわまりない「化学のシーン」それぞれで，「何に注目してどう考えればよいか」を具体的に見ていくこととなる. いつも「なぜそうなのか？」と自問しながら読み進めていただきたい.

2016 年 6 月

著　者

CONTENTS

序 章　暮らしと物理化学　　　1

第 1 話　塩はなぜ氷を融かす？ ………………………… 1
第 2 話　車の触媒は何をする？ ………………………… 3
第 3 話　雨と海水の pH はなぜ大きくちがう？ ………… 5

1 章　原子と電子　　　7

1.1　原子の成り立ち ……………… 7
1.2　核外の電子のエネルギー …… 10
1.3　ボーアのモデル ……………… 12
1.4　量子化の背景 ………………… 17
章末問題 …………………………… 19

COLUMN　リュードベリ定数の中身　18

2 章　水素原子　　　21

2.1　電子の衣 ……………………… 21
2.2　シュレーディンガー方程式 … 22
2.3　量 子 数 ……………………… 26
2.4　状態とエネルギー …………… 29
2.5　電子の分布 …………………… 29
2.6　波動関数の広がり …………… 32
2.7　節 の 数 ……………………… 34
2.8　波動関数とその 2 乗 ………… 35
2.9　振り返り：水素原子の発光線 … 35
章末問題 …………………………… 36

COLUMN　行列力学　24／3d 状態の姿　33

3章 多電子原子　37

3.1 構成原理 …………………………… 37
3.2 電子配置 …………………………… 40
3.3 電子殻 ……………………………… 44
3.4 基底状態と励起状態 …………… 45
3.5 電子の分布とエネルギー ……… 47
章末問題 ……………………………… 50

4章 分子の形成　51

4.1 共有結合 …………………………… 51
4.2 ルイス構造 ………………………… 52
4.3 電子対反発モデル ……………… 56
4.4 混成軌道 …………………………… 58
4.5 分子軌道 …………………………… 60
4.6 酸素分子 …………………………… 63
4.7 異核二原子分子 …………………… 64
章末問題 ……………………………… 66

5章 分子間力　67

5.1 分子どうしに働く力 …………… 67
5.2 分子間力と状態変化 …………… 72
5.3 分子の運動 ………………………… 73
5.4 気体の圧力 ………………………… 75
5.5 理想気体と実在気体 …………… 77
章末問題 ……………………………… 78

6章 熱力学① 第一法則　79

6.1 分子と分子集団 …………………… 79
6.2 発熱反応と吸熱反応 …………… 81
6.3 物質の熱エネルギー …………… 81
6.4 体積変化に伴う仕事 …………… 84
6.5 内部エネルギーと熱力学第一法則
　…………………………………………… 84
6.6 エンタルピー …………………… 86
6.7 標準生成エンタルピー ………… 87
6.8 標準生成エンタルピーと状態変化
　…………………………………………… 89
6.9 熱容量 ……………………………… 90
章末問題 ……………………………… 92

COLUMN 状態量 86

7章 熱力学② 第二法則　93

7.1 吸熱変化 …………………………… 93
7.2 エントロピー ……………………… 94
7.3 ギブズエネルギー ……………… 100
7.4 標準生成ギブズエネルギー … 103
7.5 化学変化と最大仕事 …………… 105
章末問題 ……………………………… 105

8章　反応の速さ　107

- 8.1　熱力学と速度論 …………… 107
- 8.2　課題の設定：オゾン層の生成 ‥ 108
- 8.3　一次反応，二次反応，三次反応
  　　　………………………………… 109
- 8.4　素反応のつながり …………… 114
- 8.5　図解でみる反応タイプ ……… 117
- 8.6　オゾン生成のモデル ………… 118
- 章末問題 ……………………………… 120

COLUMN　アレニウスの式　111／粒子の衝突頻度：思考実験　112

9章　化学平衡　121

- 9.1　変化の向きと $\Delta_r G^\circ$ ………… 121
- 9.2　化学ポテンシャル …………… 122
- 9.3　反応の進行度 ………………… 124
- 9.4　平衡状態 ……………………… 125
- 9.5　平衡定数 ……………………… 127
- 9.6　化学ポテンシャルと活量 …… 130
- 9.7　溶液中の平衡 ………………… 132
- 章末問題 ……………………………… 134

10章　電気化学　135

- 10.1　電圧と電位 …………………… 135
- 10.2　ダニエル電池 ………………… 136
- 10.3　電極反応と電位 ……………… 136
- 10.4　標準電極電位 ………………… 138
- 10.5　標準電極電位が語ること …… 139
- 10.6　ネルンストの式 ……………… 141
- 10.7　標準起電力と平衡定数 ……… 144
- 10.8　式量電位 ……………………… 144
- 10.9　活性化エネルギー …………… 145
- 10.10　電解電流 ……………………… 146
- 10.11　電　解 ………………………… 147
- 10.12　電解生成物 …………………… 148
- 章末問題 ……………………………… 148

11章　光と分子　149

- 11.1　電磁波と光 …………………… 149
- 11.2　光の吸収と補色 ……………… 150
- 11.3　光の吸収・放出とエネルギー準位
  　　　………………………………… 152
- 11.4　電子状態，振動状態，回転状態
  　　　………………………………… 153
- 11.5　電子状態と光 ………………… 155
- 11.6　振動状態と光 ………………… 157
- 11.7　回転状態と光 ………………… 158
- 11.8　波長域でみる電子励起，振動励起，回転励起　158
- 章末問題 ……………………………… 159

COLUMN　生体の窓　159

終 章　物理化学とノーベル賞　　　　　　　　　　　　　　　　　161

  0. ノーベル賞以前の偉大な
    理論科学者たち ………………… 161
  1. 原子のつくりと量子力学 ………… 163
  2. 量子化学・化学結合論 ………… 166
  3. 熱力学・溶液論・反応論 ………… 166

付　録　**標準生成ギブズエネルギーと標準電極電位** ……………………………………… 169
  1. 反応のエンタルピー変化 ……………… 169
  2. 反応のエントロピー変化 ……………… 170
  3. 反応のギブズエネルギー変化 ………… 171
  4. 標準生成ギブズエネルギー $\Delta_f G°$ ……… 171
  5. $\Delta_f G°$ 値でつかむ変化の向き ………… 172
  6. 化学ポテンシャル μ ………………… 172
  7. 化学平衡 ……………………………… 173
  8. 標準電極電位 $E°$ …………………… 174
  9. $E°$ 値でつかむ変化の向き ………… 175
  10. $E°$ 値と $E°'$ 値：「イオン化列」の素性 ‥ 176

章末問題の略解　　177
索　引　　181

イラスト：鈴木素美（工房★素）

序章 暮らしと物理化学

塩はなぜ氷を融かす？——変化の向き

冬場の寒冷地では，道路や歩道に食塩[*1]をまく．すると雪や氷が融け，走り（歩き）やすくなる．高校化学で学ぶ「凝固点降下」の応用だ．

ご存じのとおり凝固点降下は，純水に何かを溶かして水溶液にすると，凝固点（融点）が下がる現象をいう．じつはその際，沸点のほうは逆に上がる（沸点上昇）．高校でそう教わったとき，すぐには納得できなかった．水に何かを溶かしたとき，どちらも状態変化の温度なのに，なぜ一方は下がり，もう一方は上がるのか？

海外なら高校でも触れるエントロピー S（7章）に注目すれば，疑問はたちまち氷解する．凝固や沸騰などの物理変化も，物質そのものが変わる化学変化も，系（注目している部分）と外界を合わせた全体を「宇宙」とみたとき，自発変化の向きは次の式①のように書ける．

$$\Delta S_{宇宙} > 0 \qquad ①$$

ただしこのままでは，系と外界の両方を調べる必要があって，話が少々ややこしい．そこで19世紀後半にアメリカのギブズ（12章）は，式①を「系の量だけ」で表す方法をあみ出した．系がもつ「熱量」の指標をエンタルピー $H_{系}$，「粒子のバラバラ度合い」の指標をエントロピー $S_{系}$，絶対温度を $T_{系}$ として，ギブズエネルギー $G_{系}$ を式②のように書く．

$$G_{系} = H_{系} - T_{系} S_{系} \qquad ②$$

そのとき式①は，添え字を省いて書いた式③に等価だとわかる（7章）[*2]．

$$\Delta G = \Delta H - T\Delta S < 0 \qquad ③$$

[*1] 水によく溶け，無害で安価な塩（塩化カルシウム $CaCl_2$ など）なら何でもよい．

食塩をまく

J・ギブズ
（1839〜1903）

[*2] 日本の高校では「反応熱（ΔH に相当）」しか扱わないため，「変化はなぜその向きなのか？」という問いに答えられない．式③は，化学の学習で最重要な式だと考えよう．

やや面倒くさい理屈をはさんだけれど，式②を念頭に，凝固点降下と沸点上昇を「まとめてつかむ」作業をしよう．

式②の G（添え字「系」は略）を y，温度 T を x とする．せまい温度範囲なら H と S はほぼ一定なので，それぞれ定数 a，b と書こう．すると式②は，中学校でも習う次の直線に表せる．また，それを図①に描いた．

$$y = a - bx \qquad ④$$

まず，純水（赤の太い線）を考える．粒子のバラバラ度 S は，「固体＜液体≪気体」だから，直線の傾き（負）b もそうなっている（確かめよう）．固体線と液体線の交点が凝固点（融点）T_f，液体線と気体線の交点が沸点（凝縮点）T_b にあたる（添え字 f は freezing，b は boiling を表す）．

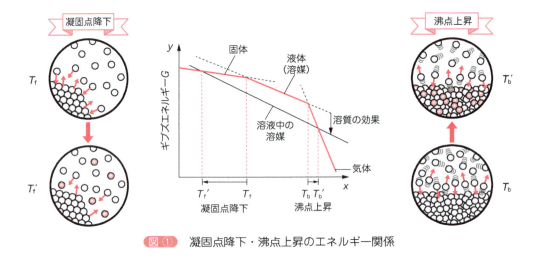

図① 凝固点降下・沸点上昇のエネルギー関係

純水に塩を溶かせば，粒子のバラバラ度 S が増える．その分だけ直線の傾きが増し，液体部分のギブズエネルギー G が図の下方へと動く（系が安定化する）結果，赤の太い線（純水）が黒の細い線（溶液中の水）に変わる[*3]．すると，固体線との交点は低温側に移り（$T_f \to T_f'$ の凝固点降下），気体線との交点は高温側に移る（$T_b \to T_b'$ の沸点上昇）．

ひらたくいえば，異物（食塩なら Na^+ と Cl^-）が混ざったあとの H_2O 分子は，純水だったときに比べ，バラバラ度が増した分だけ居心地がよい．だから，冷やしても結晶化したがらず，熱しても飛びたがらない．それが「$T_f \to T_f'$（凝固点降下）」と「$T_b \to T_b'$（沸点上昇）」にほかならない．

凝固点降下の度合いは，塩が濃いほど大きい．塩分 3.5% の海水は約 -2 ℃ の凝固点を示す．大量の塩で飽和食塩水（23%）にすれば T_f' が -20 ℃ となり，そうとう寒い日でも氷は融ける（H_2O が凍りたがらない）．

[*3] y 切片（$a = H$）は不変とみるから，「液体線の下方移動」が目立つことになる．

第2話 車の触媒は何をする？——変化の速さ

　車は暮らしに欠かせない．乗用のほか輸送に使う車も多く，いま日本には約8000万台（ほぼひとり1台）[*4]の車がある．

　ハイブリッド車が増え，燃料電池車や電気自動車も開発中だが，大半はまだガソリンや軽油を燃やすエンジン車が占める．化石資源を保全するため，燃費を上げたい．走行距離1 kmあたりのCO_2排出量を100 g (2.2 mol)に抑えようという目安がある．ガソリンを純粋なイソオクタンC_8H_{18}とすれば，完全燃焼の反応は次の式⑤のように書ける．

$$C_8H_{18} + 12.5O_2 \longrightarrow 8CO_2 + 9H_2O \qquad ⑤$$

　イソオクタン 2.2 mol/8 = 0.28 mol (32 g) で 1 km になる．密度 (0.69 g cm^{-3}) より体積は 46 cm^3 だから，ガソリン 1 L で約 22 km 走れる．

　燃費の向上を阻む要因のひとつに，環境規制がある．窒素酸化物 NO_x（ノックス）をいくら出してもいいなら，車は「もっと走れる」．エンジンは空気を吸いこむため，必ずNO_xが出る[*5]．NO_xは浄化装置で無害化するのだけれど，あいにく浄化装置は万能ではない．大気汚染を防ぐため「遠慮がちに走っている」と思ってよい[*6]．

*4　50年前（1966年）の約750万台からほぼ直線的に10倍増となったあと，ここ10年ほどは飽和に近づいている．

*5　エンジン内の温度は2500 ℃にもなるため，常温だとまず起こらない反応 $N_2 + O_2 \rightarrow 2NO$ も少しは進む．

*6　2015年9月，排ガス試験の際にだけNO_x排出量を低くする違法ソフトウェアをフォルクスワーゲン社の車（計1100万台）が搭載しているとわかり，世界規模の騒ぎになった．

　$x = 1$ の一酸化窒素 NO を例に，NO_x の浄化を物理化学で眺めよう（くわしい扱いは8章）．関係する物質の標準生成ギブズエネルギー $\Delta_f G°$ を図②にまとめた．$\Delta_f G°$ は「変身しやすさ」を表し，値の低い物質ほど安定性が高い．

　$\Delta_f G° < 0$ の物質が多いなか，$\Delta_f G° = +87.6$ kJ mol^{-1} の NO は不安定な物質だといえる．$\Delta_f G° = 0$（約束）の単体 N_2 と O_2 は，「ほどほどに安定な」物質だ．つまり NO の無害化反応（式⑥）は，ギブズエネルギー変化 $\Delta G° < 0$ の自発変化にほかならない．

$$2NO \longrightarrow N_2 + O_2 \qquad ⑥$$

　しかし反応には活性化障壁があり，進めるには余分なエネルギーを要する

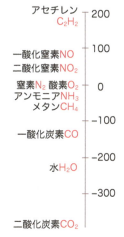

図② 標準生成ギブズエネルギー $\Delta_f G°$ (kJ mol^{-1})

（図③）．温度が数千 K なら熱だけで反応を起こせるものの，浄化装置を超高温にするのは現実的ではない．

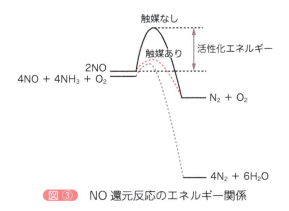

図③　NO 還元反応のエネルギー関係

そこで，白金 Pt，ロジウム Rh，パラジウム Pd を触媒（三元触媒）に使う．触媒表面に吸着した NO は，数百℃で N 原子と O 原子に分かれる[*7]．ただし，続く N_2 分子と O_2 分子の生成も容易ではない．現実には，不完全燃焼で生じた CO や燃料のガソリン（炭化水素）が還元剤として働き，生成物は N_2 と CO_2，H_2O の姿で大気に出る．

*7　触媒表面では，固体の原子 A と反応物の原子 B が 1 対 1 で引きあう．そのとき反応物内の結合が弱まる（ときには切れる）のが，触媒作用の本質になる．A−B 結合が弱すぎると何も起こらない．逆に強すぎても以降の変化が進まないため，「ほどほどに強い A−B 結合」をつくる固体が，よい触媒だといえる．

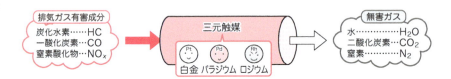

軽油で走るディーゼル車は通常，燃料とは別に，NO 処理用の還元剤（尿素水溶液）を積む．尿素 $CO(NH_2)_2$ の水溶液を熱すれば，アンモニア NH_3 と二酸化炭素 CO_2 ができる．

$$CO(NH_2)_2 + H_2O \longrightarrow 2NH_3 + CO_2 \qquad ⑦$$

NH_3 が触媒上で NO と反応し，N_2 と H_2O が生じる（尿素選択触媒還元法）．

$$4NO + 4NH_3 + O_2 \longrightarrow 4N_2 + 6H_2O \qquad ⑧$$

このように，大気汚染を防ぐには，遠慮がちに走るか，走行に無縁な尿素水をわざわざ載せて走らなければならない．

排ガス浄化装置は車の底部にあり，運転者はまず意識しない．とはいえ，その中身をつかむには，関係する原子や分子のことや，原子・分子のエネルギーと反応機構も考えるのが望ましい．今後，すぐれた触媒の開発には，物理化学の知恵が役立つだろう．

雨と海水のpHはなぜ大きくちがう？──化学平衡

「自然な雨のpHは5.6」というウソを載せた教科書が多い．空気中の酸性分子がCO_2だけなら正しい．大気中に浮かんだ水滴で成り立つ下記二つの式⑨⑩の平衡を考え，既知のK値と大気中のCO_2濃度（約400 ppm[*8]）から，なるほどpHの計算値は5.6になる．

$$CO_2(g) \rightleftarrows CO_2(aq) \quad 溶解\ (K_H{}^{*9} = 10^{-1.4}) \quad ⑨$$
$$CO_2(aq) + H_2O \rightleftarrows H^+(aq) + HCO_3^-(aq) \quad 電離\ (K_a = 10^{-6.4}) \quad ⑩$$

しかし大気は，火山や生物活動に由来するSO_2も含む．濃度（約5 ppb[*10]）はCO_2の8万分の1でも，K_HとK_aがCO_2よりずっと大きいため，pHの計算値は約4.9になる．CO_2の効果も足しあわせれば，「自然な雨」のpHは，少し酸性の高い約4.8だと計算できる．

$$SO_2(g) \rightleftarrows SO_2(aq) \quad 溶解\ (K_H = 10^{0.3}) \quad ⑪$$
$$SO_2(aq) + H_2O \rightleftarrows H^+(aq) + HSO_3^-(aq) \quad 電離\ (K_a = 10^{-1.7}) \quad ⑫$$

実測データもそれによく合う．1970年代の末「酸性雨」が話題になって，環境庁（当時）は1983年から20年間，雨や河川水，土壌水のpH測定を続けた．雨の測定データのうち，中間10年の結果を図④に示す[*11]．

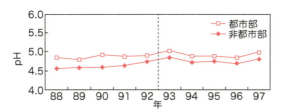

図④ 日本に降る雨のpH（1988～97年．環境省報告書の数値をグラフ化）

環境省の報告書（2004年）には，おおむねこう書いてある[*12]．
- 20年間を通じ，雨のpHは4.8 ± 0.2の範囲だった．
- 太平洋側と日本海側で差は認められない．
- 陸水や土壌が酸性化している気配はない．
- 今後50年間に酸性化しそうな湖沼はない．
- 酸性の雨が木を枯らした証拠はない．

日本の産業が出すSO_2は年にせいぜい50万トンしかない．かたや活火山は，年に数百万～1000万トンのSO_2を出す（桜島60万トン，阿蘇山100万

[*8] 百万分率（10^{-6}）．

[*9] K_HのHは，溶解がヘンリーの法則に従うためHenryの頭文字をとった．

W・ヘンリー
（1775～1836）

[*10] 十億分率（10^{-9}）．

[*11] 1983～1987年と1998～2002年の測定結果もほぼ同じだった．なお，2003年以降もpH 4.8 ± 0.2の範囲で推移中．

[*12] 教科書でも「環境本」でも，この5項目すべてと矛盾する記述が横行する．

トンなど)．また，水の生き物が代謝で出す硫化ジメチル$(CH_3)_2S$（磯の香り分子）も，空気中で酸素と反応し，SO_2になる．つまり大気中 4〜5 ppb のSO_2は，ほとんどが天然起源だといってよい[*13]．

そんなふうに「酸性雨」は誤解だとわかったため，過去 20 年ほどメディアもいっさい報じない．けれど教科書が載せ続けるから教室で語られ，高校や大学の入試にも出る．環境時代の戯画というべきだろう．

ちなみに現在，もし木が枯れ，銅像の表面が溶けているなら，主犯は「酸性雨」ではなく，車の排ガスから生じるオゾン[*14]（光化学スモッグの「オキシダント」＝強烈な酸化剤）だといわれている．

*13 世界各地の「清浄な大気」も，数 ppb のSO_2を含む．図④を見ると，雨の酸性度は，都市部より非都市部（田舎）のほうが高い．SO_2が「天然モノ」なら納得できるが，工場や発電所のSO_2が雨を酸性化する…という「酸性雨物語」には合わない．

*14 排ガスに出た NO（第 2 話）の酸化で生じるNO_2が$NO_2 \rightarrow NO + O$と光分解し，続いて$O + O_2 \rightarrow O_3$の反応が進む．

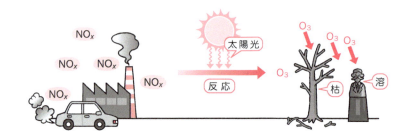

さて，河川や湖沼（関東なら利根川や霞ヶ浦）の水を調べてみると，弱塩基性（pH 7〜9）だとわかる．海水の pH も 8.1〜8.3 の範囲に入る．雨が弱酸性なのに，なぜ天然水は弱塩基性なのか？

地表に降った雨はまず地下に浸透し，岩盤に届く[*15]．岩は塩基性の鉱物（炭酸カルシウム$CaCO_3$など）が多いので，雨の酸性を中和する（式⑬）．

$$H^+ + CaCO_3 \longrightarrow Ca^{2+} + HCO_3^- \qquad ⑬$$

ご存じのとおり，中和点は必ずしも中性（pH 7）ではなく，強塩基の$CaCO_3$が相手の中和なら弱塩基性を示す[*16]．そうした水が合流するため[*17]，河川や湖の水は（河川水を集めた海水も）弱塩基性になる．

炭酸水素イオンHCO_3^-は，炭酸塩鉱物の溶解（化学風化）産物として陸水中に多い[*18]．弱酸(H_2CO_3)の共役塩基だから，入ってきたH^+を消費する「緩衝作用」（反応⑩の左向き）を示す．河川水の平均的な濃度$[HCO_3^-] \approx 10^{-3}$ mol L^{-1}を使う平衡計算（詳細は省略）で出る pH = 8.2 は，天然水の実測値にぴたりと合う．

HCO_3^-がからむ化学平衡はヒト体内でも成り立ち，血液の pH を 7.40 ± 0.05 というごくせまい範囲内に調節している（pH が 7.2 に下がるだけで昏睡に陥るという）．

このように天然水も生物の体液も，かなり単純な物質の化学平衡（物理化学のうち大きな一分野．9 章でくわしく学ぶ）が支配する世界だと心得よう．

*15 地球の陸地全体で土壌の平均厚みは 50〜100 cm しかない．だから雨水はたやすく岩盤に届く．

*16 温泉や鉱山のそばを流れる川は，亜硫酸や硫酸が溶けた姿をもつため，ときに強い酸性を示す．

*17 ごく細い流れが大河になっていくことより，河川水の大半は「地下に浸透してから再び地表に出た水」だとわかる．

*18 HCO_3^-は，陸水中で最大濃度を占める陰イオン（海水中で最大濃度の陰イオンは，いうまでもなくCl^-）．

1章 原子と電子

- 原子は何からできているのか？
- 電子のエネルギー状態は，どんな実験でわかったのか？
- ボーア半径とは何か？
- 電子エネルギーの量子化とは，何を意味するのか？
- 基底状態・励起状態とは，どんな状況をいうのか？

1.1 原子の成り立ち

万物は原子からできている．さしあたりイオン化合物や金属を無視すれば，原子どうしが結合して分子をつくり，分子どうしが集合して物質ができる…と考えてよい．まずは，万物の素材となる原子のつくりを，**原子核**（以下，簡単のために「核」）と**電子**に注目して眺めよう．

原子は核と電子からなる．原子の中心に核があり，核のまわりに電子が分布する．高校化学や中学校理科でも学んだとおり，たとえばヘリウムの原子は，図 1.1 のイメージに描ける．

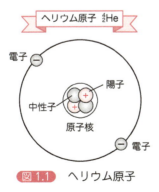

図 1.1 ヘリウム原子

*1 陽子と陽子，陽子と中性子，中性子と中性子は短距離の強い「核力」で引きあう．かたや陽子どうしは，（核力よりずっと弱い）長距離のクーロン力で反発もしあっている．

核内では正電荷の陽子と電荷ゼロの中性子が結びついているため*1，核は正味の正電荷をもつ．化学では通常，原子核の中身までは立ち入らず，電子

だけに注目する．負電荷をもつ電子は，正電荷をもつ核に引き寄せられているとイメージしよう．

陽子と電子の電荷は絶対値がちょうど等しく（符号は逆），電子の数と陽子の数は等しい．だから原子全体は，正負の電荷が打ち消しあって電荷をもたない（電気的に中性）．

正負電荷の引きあいと，正電荷（または負電荷）どうしの反発は，ミクロ世界の原子にも成り立つばかりか，原子どうしが結びつく化学結合でも本質をなす．

ひとつ大事な注意をしておこう．原子の実体は，図1.1のイメージとはまったくちがう．とりあえず外側の円が「原子のサイズ」だとしよう．核のサイズは原子のほぼ10万分の1だから，目に見える大きさには描けない．電子はさらに小さいので，やはり描けるはずはない．また，ヘリウム原子の電子なら，核のまわりを「円運動」しているわけでもない．

おいおい説明するとおり，ミクロ世界の電子は特別な法則（量子力学）に従う運動をし，「波」のふるまいも示す．そのため図1.1の円は，おおよそ「電子の波の広がり（**電子雲**）」を表す．電子（原子）の実体に迫る2章と3章は，以上のことを頭に置いて読み進めよう．

量子力学は高校物理や日常感覚ではつかみきれない話だけれど，ともかく**図1.1のイメージを捨て去るのが，化学の学習では要点のひとつ**だといってよい．

ただし電子が示すふるまいのうちには，「円運動」のイメージでつかめる部分もある．本章の話はその範囲にとどめ，2章から「本当の姿」を暴いていくことになる．

原子番号と質量数

高校化学でも学んだとおり，核内にある陽子の数を原子番号という（表1.1）．元素の種類は原子番号が決める．2019年現在，陽子1個の水素Hから118個のオガネソンOgまで，118種類の元素が知られる[*2]．そのうち，たとえば核内に陽子を8個もつ酸素の原子番号は8，陽子を47個もつ銀の原子番号は47となる．

核内の陽子と中性子の総数を，**質量数**という．核内に陽子6個と中性子6個をもつ炭素原子なら，質量数は12となる．

[*2] 元素113番，115番，117番，118番の名称は2016年末に決まった．113番は，日本の理化学研究所が存在を確かめ，ニホニウムと命名．

表1.1 原子番号と質量数

元素	記号	原子番号	質量数
水素	H	1	1
ヘリウム	He	2	4
リチウム	Li	3	7
ベリリウム	Be	4	9

> **【例題 1.1】** 質量数 16 の酸素原子は，核内に何個の中性子をもつか．
> **【答】** 酸素の原子番号は 8 なので陽子は 8 個．中性子の数は「質量数 − 陽子数」だから，16 − 8 = 8 個．

同 位 体

同じ元素（同じ陽子数）でも，核内の中性子数がちがう原子がある．そうした原子どうしを**同位体**（アイソトープ）という（周期表上で同じ位置を占めるため）．天然の水素には，中性子が 0 個の ^{1}H と，中性子 1 個の ^{2}H（重水素，ジュウテリウム）があり，うち ^{1}H が大半を占める（^{2}H の存在比率は 0.0115 ％）．なお，中性子 2 個の ^{3}H（三重水素，トリチウム）は安定でなく，放射線を出して壊れるため，放射性同位体という（表 1.2）．

表 1.2 水素の同位体

名　前	記　号	陽子数	中性子数
水　素	^{1}H	1	0
重水素	^{2}H(D)	1	1
トリチウム	^{3}H(T)	1	2

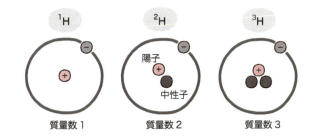

天然の塩素には，中性子 18 個の ^{35}Cl と，20 個の ^{37}Cl がある（図 1.2）．多くの元素は複数の同位体をもち，天然の同位体比はほぼ一定値を示す．フッ素（原子番号 9）やヒ素（同 33），金（同 79）など，安定な同位体が 1 種類しかない元素もある．

原子と構成粒子の質量

陽子と中性子は質量がほぼ等しい．かたや電子の質量は，陽子や中性子の 1800 分の 1 に満たない．その事実は，化学反応や化学現象一般を考えるときにたいへん大きな意味をもつ[*3]．

原子の質量は，陽子と中性子の数でほぼ決まる．たとえば重水素 ^{2}H の原子は，陽子 1 個と中性子 1 個，電子 1 個からなる．表 1.3 より，陽子と中性子の総質量は 3.348×10^{-27} kg となり，核の質量（3.344×10^{-27} kg）にほぼ

[*3] いずれ触れるとおり，電子よりずっと重い陽子や中性子（つまり核）は動かず，核のまわりを電子が運動していると考えてよい．

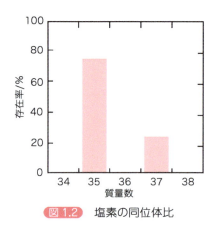

図1.2 塩素の同位体比

一致する．

ただし両者には，4×10^{-30} kg という小さな（ただし電子1個の質量よりだいぶ大きい）差がある．その差を**質量欠損**という．質量欠損は，中性子と陽子が結合して原子核をつくるときに放出されるエネルギーを表す（放出エネルギー E と質量差 Δm を結びつけるのが，名高い**アインシュタインの式** $E = \Delta m c^2$，c は光の速度）．核の生成には質量欠損が伴うため，質量数の値から原子1個の質量を正確には見積もれないけれど，おおまかな見積もりはできる．

A・アインシュタイン
（1879～1955）

表1.3 電子，陽子，中性子の質量

	質量	質量比
電子	$9.1093897 \times 10^{-31}$ kg	1
陽子	$1.6726231 \times 10^{-27}$ kg	1836
中性子	$1.6749286 \times 10^{-27}$ kg	1839

1.2 核外の電子のエネルギー

いままでは原子内の核に注目した．ここからは，核のまわりにある電子のふるまいを考えよう．

電子のふるまいは，おもに19世紀末ごろの実験からわかってきた．気体の水素を高温に熱するか，蛍光灯のような放電管内の水素に高電圧をかける（放電させる）と，水素分子 H_2 が水素原子 H に分解する．

$$H_2 \longrightarrow 2H \tag{1.1}$$

生じた水素原子は，熱や放電からエネルギーをもらい，不安定な（エネルギーの高い）状態の H^* になる．

$$H \longrightarrow H^* \tag{1.2}$$

その H^* が，余分なエネルギーを光の形で放出し，もとの安定な状態に戻

る．

$$H^* \longrightarrow H \tag{1.3}$$

エネルギーが「高い」「低い」という意味の説明はあとに回し，まず原子が出す光の波長 λ に注目しよう．出る光の波長をまとめた図1.3のような図を，**発光スペクトル**（吸収される光なら「吸収スペクトル」）という．

水素原子の出す光は，紫外線から可視光，赤外線までの広い範囲に及ぶ．ただし注目点はそこではなく，「出る光（発光線）の波長が決まっている」という点にある．

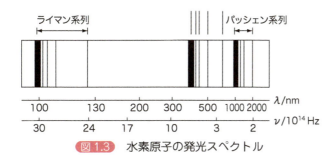

図1.3 水素原子の発光スペクトル

可視光の範囲にかぎれば，発光線の波長は表1.4（左欄）のようにまとめられる（410.17 nm より短い波長の発光線は省いた）．表1.4の数値に，何か規則性はないだろうか？

表1.4 水素原子の発光線（可視光領域）

波長 λ(nm)	$1/\lambda$(nm^{-1})	n	$1/n^2$
410.17	0.002438	6	0.0278
434.03	0.002304	5	0.04
486.14	0.002057	4	0.0625
656.17	0.001524	3	0.1111

いろいろ試してみた結果，次の規則性が見つかった．発光線に長波長側から 3, 4, 5, … と番号 n を振ったとき，波長の逆数（$1/\lambda$）と $1/n^2$ が，きれいな直線関係をなす（図1.4）．

つまり，定数 R（内容は後述）を使い，図1.4の直線は式(1.4)に表せる．

$$\frac{1}{\lambda} = R\left(\frac{1}{2^2} - \frac{1}{n^2}\right) \quad n = 3,\ 4,\ 5,\ \cdots \tag{1.4}$$

また，紫外線領域に出る水素原子の発光線は式(1.5)に従う．

$$\frac{1}{\lambda} = R\left(\frac{1}{1^2} - \frac{1}{n^2}\right) \quad n = 2,\ 3,\ 4,\ \cdots \tag{1.5}$$

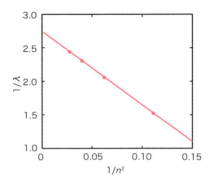

図1.4 波長の逆数($1/\lambda$)と $1/n^2$ の関係

同様に，赤外線領域の発光線は式(1.6)で表せる．

$$\frac{1}{\lambda} = R\left(\frac{1}{3^2} - \frac{1}{n^2}\right) \quad n = 4, 5, 6, \cdots \tag{1.6}$$

以上のことは，次の一般式(1.7)にまとめられる．

$$\frac{1}{\lambda} = R\left(\frac{1}{n_2^2} - \frac{1}{n_1^2}\right) \quad n_2 = 1, 2, 3, 4, 5, \cdots, n_1$$
$$= n_2+1,\ n_2+2,\ n_2+3,\ \cdots \tag{1.7}$$

定数 R は，実測データから $R = 1.10 \times 10^7$ m^{-1} となり，この R を**リュードベリ定数**とよぶ(p.18 コラム参照)．

発光線の解析結果が語ること

　式(1.7)は，いったい何を意味するのか？　まず，光は「エネルギーをもつ粒(光子)の集まり」だと心得よう．そのとき式(1.7)は，核外の電子が「飛び飛びのエネルギー」をもち，そうしたエネルギーの段差(**エネルギー準位の間隔**)が，整数 n を使って書けることを表す．

　エネルギーの高い準位ほど，整数 n の値が大きいと考える．すると，電子がたとえば $n = 5$ の準位から $n = 1$ の準位に「落ちていく」とき，水素原子は特有の波長をもつ光を出すことになる〔式(1.5)で計算すれば，波長は 94.7 nm となる〕．

　また，「落ちていく先」が $n = 2$ という準位の場合，出発点が $n = 4$ なら，式(1.4)を使う計算によって，発光線の波長は 484.8 nm (緑色の可視光)だとわかる．

　発光線の群れは，「落ちていく先」が $n = 1$ 準位の場合を**ライマン系列**，$n = 2$ の場合を**バルマー系列**，$n = 3$ の場合を**パッシェン系列**という(図1.5)．

1.3　ボーアのモデル

　原子の発光線は，原子(のもつ核外電子)が，飛び飛びの決まったエネルギー

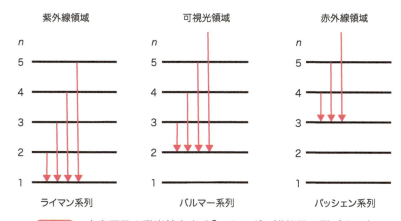

図 1.5 水素原子の発光線を表す「エネルギー準位間の飛び移り」
簡単のため準位どうしは等間隔に描いた(実際は等間隔ではないことに注意).

N・ボーア
(1885〜1962)

をもつ(エネルギー準位にある)ことを物語っている.では,それぞれの準位はどのようにちがうのだろう? デンマークのボーアは1913年,それをわかりやすく説明するモデルを提案した.

ボーアは,正電荷をもつ核のまわりを,負電荷をもつ電子がクーロン力のもとで周回運動すると考えた.正電荷の核と負電荷の電子が合体してしまわないよう,軽い電子が重い核のまわりを回り,クーロン引力と遠心力がつりあっていると見なす(図1.6).

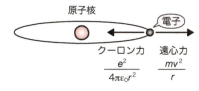

図 1.6 原子のボーアモデル

正負電荷の間に働くクーロン引力と,円運動する電子に働く遠心力は,e を電気素量,ε_0 を真空の誘電率,r を円軌道の半径,m を電子の質量,v を電子の速さとして,次式(1.8)のときにつりあう.

$$\frac{e^2}{4\pi\varepsilon_0 r^2} = \frac{mv^2}{r} \tag{1.8}$$

式(1.8)は式(1.9)のように変形できる.

$$r = \frac{e^2}{4\pi\varepsilon_0 mv^2} \tag{1.9}$$

また,電子の**運動エネルギー**と**位置エネルギー(ポテンシャルエネルギー)**を加えた全エネルギーは,式(1.10)のように書ける.

$$E = \frac{1}{2}mv^2 - \frac{e^2}{4\pi\varepsilon_0 r} \qquad (1.10)$$

第1項が運動エネルギー, 第2項がポテンシャルエネルギーを表す. 電子と核は引きあうので, ポテンシャルエネルギーは負の値になる.

【例題 1.2】 式(1.9)と式(1.10)から速さ v を消し, 電子の全エネルギーと軌道半径 r の関係を求めよ.

【答】 式(1.9)から出る速さ v の2乗を式(1.10)に入れ, 次の結果を得る.

$$E = \frac{1}{2}mv^2 - \frac{e^2}{4\pi\varepsilon_0 r} = \frac{e^2}{8\pi\varepsilon_0 r} - \frac{e^2}{4\pi\varepsilon_0 r} = -\frac{e^2}{8\pi\varepsilon_0 r}$$

例題 1.2 の結果より, 電子の全エネルギーは式(1.11)のように表せる.

$$E = -\frac{e^2}{8\pi\varepsilon_0 r} \qquad (1.11)$$

エネルギーは負の値をもつ. 軌道半径 r が小さいほど式(1.11)の分母は小さく, エネルギーは低い(負の絶対値が大きい). どんな物理系も, エネルギーが低いほど安定だと心得よう.

ボーアの仮説

上記のモデルだと, 電子の軌道半径 r は ($r > 0$ の範囲で)連続している. すると全エネルギーも, どんな(マイナスの)値もとれる. しかしそれなら, 水素原子が示す発光線の測定結果は説明できない. 測定結果だと, 発光線は飛び飛びの波長(つまり飛び飛びのエネルギー)をもつうえ, 波長の間にきれいな規則性があった.

そこでボーアは, 水素原子の発光スペクトルを説明するため, 次の二つの仮説を立てた.

(1) ボーアの量子条件: 円運動する電子の角運動量 mvr は, $h/(2\pi)$ の整数倍しかとれない.

量子条件は式(1.12)に書ける.

$$mvr = n\frac{h}{2\pi} \quad n = 1, 2, 3, \cdots \qquad (1.12)$$

次式(1.13)のように変形しよう.

$$\frac{1}{v} = \frac{2\pi mr}{nh} \qquad (1.13)$$

式(1.9)に代入すれば，式(1.14)のようになる．

$$r = \frac{e^2}{4\pi\varepsilon_0 m}\frac{1}{v^2} = \frac{e^2}{4\pi\varepsilon_0 m}\left(\frac{2\pi mr}{nh}\right)^2 = \frac{\pi e^2 mr^2}{n^2 h^2 \varepsilon_0} \tag{1.14}$$

つまり，軌道半径 r は式(1.15)のように書ける．

$$r = \frac{n^2 h^2 \varepsilon_0}{\pi m e^2} \tag{1.15}$$

式(1.15)をじっくり眺めよう．まず，n 以外は定数だから，値は決まっている．また，n は正の整数だけをとる．すると，軌道半径 r は，n 値に応じて決まる飛び飛びの値しかとれない(図1.7)．

整数 n に対応する軌道半径を r_n と書けば，$n = 1$ に対応する半径 r_1 は次式(1.16)のように表せる．

$$r_1 = \frac{h^2 \varepsilon_0}{\pi m e^2} \tag{1.16}$$

この r_1 をボーア半径といい，記号で a_0 や a_H と書くことが多い．半径 r_n は整数 n の2乗に比例するため，r_2 はボーア半径の4倍，r_3 はボーア半径の9倍になる．

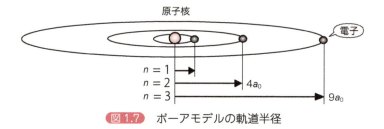

図1.7 ボーアモデルの軌道半径

【例題 1.3】 プランク定数 $h = 6.63 \times 10^{-34}$ J s，真空の誘電率 $\varepsilon_0 = 8.85 \times 10^{-12}$ C² J⁻¹ m⁻¹，円周率 $\pi = 3.14$，電子の静止質量 $m = 9.11 \times 10^{-31}$ kg，電気素量 $e = 1.60 \times 10^{-19}$ C から，ボーア半径 a_0 の値を計算せよ．
【答】 次の結果になる．

$$a_0 = \frac{h^2 \varepsilon_0}{\pi m e^2} = \frac{(6.63 \times 10^{-34})^2 \times (8.85 \times 10^{-12})}{3.14 \times (9.11 \times 10^{-31}) \times (1.60 \times 10^{-19})^2} \approx 5.3 \times 10^{-11} \text{ m}$$
$$= 0.053 \text{ nm}$$

例題の結果を使えば，整数 n に応じた軌道半径 r_n は式(1.17)に書ける．

$$r_n = \frac{n^2 h^2 \varepsilon_0}{\pi m e^2} = a_0 n^2 = 0.053 n^2 \text{ nm} \tag{1.17}$$

また，全エネルギーは次式(1.18)の値になる．

$$E = -\frac{e^2}{8\pi\varepsilon_0}\frac{1}{r_n} = -\frac{e^2}{8\pi\varepsilon_0}\frac{\pi me^2}{n^2 h^2 \varepsilon_0} = -\frac{me^4}{8\varepsilon_0^2 h^2}\frac{1}{n^2} \qquad (1.18)$$

式(1.18)で n 以外は定数だから，全エネルギーも飛び飛びの値をとる．整数 n に対応する全エネルギーを E_n と書こう．飛び飛びの値をとるエネルギーを，**量子化されている**といい，「量子化状態(準位)」を決める整数 n を**量子数**とよぶ．

まとめるとボーアの量子条件は，「核のまわりを回る電子では，軌道半径 r もエネルギー E も量子化されている」ことを表す．低エネルギー側から三つの量子数(準位) n につき，軌道半径 r_n とエネルギー E_n の式を表1.5にまとめた．

量子数 n が大きいほど，軌道半径は大きく，エネルギーは高い(不安定)．いちばん安定な $n=1$ の状態を**基底状態**という(図1.8)．また，基底状態よりエネルギーが高い(不安定な) $n=2, 3, \cdots$ の状態をまとめて**励起状態**とよぶ．

表1.5 ボーア原子の軌道半径とエネルギーの関係

量子数 n	軌道半径 r_n	エネルギー E_n	
∞	∞	0	イオン化状態
$\vdots$	$\vdots$	$\vdots$	$\vdots$
3	$9a_0$	$-\dfrac{1}{9}\dfrac{me^4}{8\varepsilon_0^2 h^2}$	励起状態
2	$4a_0$	$-\dfrac{1}{4}\dfrac{me^4}{8\varepsilon_0^2 h^2}$	励起状態
1	a_0	$-\dfrac{me^4}{8\varepsilon_0^2 h^2}$	基底状態

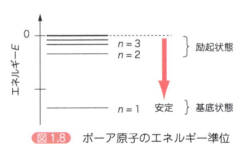

図1.8 ボーア原子のエネルギー準位

エネルギーが低い(図の下方)ほど，安定性が高い． $n=\infty$ で $E_\infty = 0$ となる．

【例題1.4】 式(1.18)の $me^4/(8\varepsilon_0^2 h^2)$ を計算し，eV(電子ボルト)単位で $E_n = -13.6/n^2$ と書けるのを確かめよ．eV は原子・分子世界のエネルギー単位に多用し，真空中の電子1個が電位差1Vの2点間を行き来する際の出入りエネルギーに等しい($1\,\text{eV} = 1.60\times 10^{-19}\,\text{J}$)．

【答】 式に値を代入して計算する．
$$\frac{me^4}{8\varepsilon_0^2 h^2} = \frac{(9.11 \times 10^{-31}) \times (1.60 \times 10^{-19})^4}{8 \times (8.85 \times 10^{-12})^2 \times (6.63 \times 10^{-34})^2} \approx 2.18 \times 10^{-18}\,\mathrm{J}$$
$$= 13.6\,\mathrm{eV}$$

(2) ボーアの振動数条件：状態(準位)間を移る電子は，光を放出または吸収する．量子数 n_1 の状態から量子数 n_2 の状態へ移るとき放出または吸収する光のエネルギーは，状態(準位)間のエネルギー差に等しい．

$$\Delta E = E_{n_1} - E_{n_2} \tag{1.19}$$

具体的に書けば，式(1.21)のようになる．

$$\begin{aligned}\Delta E &= E_{n_1} - E_{n_2} = \left(-\frac{me^4}{8\varepsilon_0^2 h^2}\frac{1}{n_1^2}\right) - \left(-\frac{me^4}{8\varepsilon_0^2 h^2}\frac{1}{n_2^2}\right)\\ &= \frac{me^4}{8\varepsilon_0^2 h^2}\left(\frac{1}{n_2^2} - \frac{1}{n_1^2}\right)\end{aligned} \tag{1.20}$$

エネルギーの高い準位から低い準位へ移る電子1個は，光子1個を放出する．光子1個のエネルギーは，ν を振動数，h をプランク定数とした式(1.21)に書ける[*4]．

$$\Delta E = h\nu \tag{1.21}$$

[*4] エネルギー差 ΔE に比例する振動数 ν が，波長の逆数 $(1/\lambda)$ に比例する．つまり図1.4の縦軸は，エネルギー(の相対値)を表していた．

1.4 量子化の背景

ボーアのモデルでは，「角運動量は決まった値しかとれない」とした．その背景に触れておこう．

電子のように小さくて軽い物質は，粒子と波の二面性(粒子性と波動性)をもつ．その発想は1924年にド・ブロイが「物質波(ド・ブロイ波)」として提唱した．速さ v で運動する質量 m の粒子が波動性を表すとき，波長(**ド・ブロイ波長**)は式(1.22)のように書ける．

$$\lambda = \frac{h}{mv} \tag{1.22}$$

たとえば，光速の1%で動く電子[*5]のド・ブロイ波長は次の式(1.23)のようになり，ボーア半径の4〜5倍ほど大きい．

$$\begin{aligned}\lambda &= \frac{h}{mv} = \frac{(6.63 \times 10^{-34})}{(9.11 \times 10^{-31}) \times (3.00 \times 10^6)} = 2.43 \times 10^{-10}\,\mathrm{m}\\ &= 0.243\,\mathrm{nm}\end{aligned} \tag{1.23}$$

L・ド・ブロイ
(1892 〜 1987)

[*5] 水素原子の電子がそれに近い．

COLUMN！ リュードベリ定数の中身

式(1.20)および式(1.21)を使うと，水素原子の発光線の振動数は次のように表せる．

$$\nu = \frac{\Delta E}{h} = \frac{me^4}{8\varepsilon_0^2 h^3}\left(\frac{1}{n_2^2} - \frac{1}{n_1^2}\right)$$

光の性質[*6]を使えば，波長の逆数($1/\lambda$)と量子数 $n_1 \cdot n_2$ は，次式で結びつく．

$$\frac{1}{\lambda} = \frac{\nu}{c} = \frac{1}{c}\left(\frac{me^4}{8c\varepsilon_0^2 h^3}\left(\frac{1}{n_2^2} - \frac{1}{n_1^2}\right)\right)$$

$$= \frac{me^4}{8c\varepsilon_0^2 h^3}\left(\frac{1}{n_2^2} - \frac{1}{n_1^2}\right)$$

上式は，発光線の波長を表す式(1.7)とぴったり一致する．つまりリュードベリ定数 R は次の内容をもつとわかる．

$$R = \frac{me^4}{8c\varepsilon_0^2 h^3}$$

J・リュードベリ
（1854 〜 1919）

[*6] 光の波長 λ と振動数 ν の積が，光速 c になる．

ボーアの量子条件によると，電子は決まった半径の円軌道を運動する．それを電子の波動性と結びつけよう．

ボーアの量子条件は式(1.24)のように書けた．

$$mvr = n\frac{h}{2\pi} \tag{1.24}$$

かたやド・ブロイ波長は式(1.25)のように表せた．

$$\lambda = \frac{h}{mv} \tag{1.25}$$

式(1.25)に式(1.24)を入れると，式(1.26)のようになる．

$$\lambda = \frac{h}{mv} = \frac{h}{\frac{nh}{2\pi r}} = \frac{2\pi r}{n} \tag{1.26}$$

さらにこう書き換えよう．

$$2\pi r = n\lambda \tag{1.27}$$

式(1.27)の左辺は，円軌道の周長を表す．つまり式(1.27)は，「円軌道の長さがド・ブロイ波長 λ の整数倍」だということを表す．

その状況は，図1.9のように描ける．ここで波の「位相」に注目しよう．波の位相とは，山から谷を経て次の山に至る曲線の「どこに相当するか」をいう．

ある位相から始めて軌道をちょうど1周したとき，もとと同じ位相に戻るなら，まったく同じ軌跡をたどった周回運動ができる．そうした波を観測し

続ければ，腹の部分はいつも腹，節の部分はいつも節だから，静止したように見えるだろう．このように，空間の波形が時間とともに変わらない波を**定在波**とよぶ．

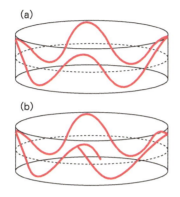

図1.9 物質波とボーアの量子条件
(a) 円軌道の周長がド・ブロイ波長の整数倍なら，定常波ができる（ボーアの量子条件に相当）．
(b) 円軌道の周長がド・ブロイ波長の整数倍からずれていると，波が干渉して打ち消しあう．

かたや，ある位相から始めて軌道を1周したとき，もとと同じ位相に戻らないなら，2周目の軌道は別の軌跡を描いていく．そうした波を観測し続ければ，波形が一方向に動いていくように見える（進行波）．また，進行波を足しあわせると互いに打ち消しあう．つまり**ボーアの量子条件とは，電子のド・ブロイ波が定在波になる条件**だとわかる．

1900〜1925年ごろの「前期量子論」は，電子を以上のように扱った．しかし1925〜26年に確立する量子力学[*7]が，そのイメージを一変させる．たとえば，水素原子がもつ電子の最安定（最低エネルギー）状態は「軌道角運動量がゼロ」だから，「核のまわりを円運動している」わけではない．2章から，電子の「本当の姿」に迫っていこう．

[*7] 1925年にハイゼンベルク（24歳）が「行列力学」を，1926年にシュレーディンガー（38歳）が「波動力学」（2章）を発表した．

1. 表1.3の質量と，塩素原子の同位体比（75.8%の $^{35}_{17}Cl$，24.2%の $^{37}_{17}Cl$）から，塩素の原子量を概算せよ．
2. ボーアモデルに従い，$n=1$ の電子がもつ速さを計算せよ．
3. ライマン系列の場合，$n=2$ にあたる発光線の波長は何nmか．
4. 光速の1%で飛ぶ電子のド・ブロイ波長はいくらか．

2章 水素原子

- 原子の姿は，どのように想像すればよいのか？
- シュレーディンガー方程式を解けば，どんなことがわかるのか？
- 量子数とは何か？
- 水素原子のエネルギーは，量子数とどうからむのか？
- 電子の「雲」は，どんな形やサイズなのか？

2.1 電子の衣

原子を1億倍に拡大したとすれば，直径が1～数 cm の球に「見える」はず．原子の成分（核と電子）そのものは，1 cm より何桁も小さいので「見える」はずはない．けれど，電子が飛び交う球形の空間は「見える」だろう．その広がりが，原子のサイズにあたる．

要するに原子の姿は，「飛び交う電子の衣を着た極微の核」だと想像すればよい．猛スピードの電子が「雲」をつくると想像し，「衣」を**電子雲**とよぶことも多い（欄外の図は，核も電子も1万倍くらいに拡大してある）．

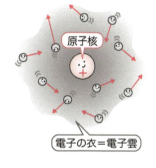

化学反応を含めた化学現象はどれも，原子（やイオン）のもつ電子雲が働きあって起こると考えてよい．複数の原子がつながった分子や多原子イオンも，電子雲を介して作用しあう．ミクロ・マクロの両面で電荷のかたよりがほとんどない炭化水素の分子も，電子雲の働きあいを通じて引きあうため，室温のガソリンは液体状態をとる．

すると化学の理解には，電子雲のありさまをできるだけ定量的につかむのが第一歩となる．「ありさま」とは，次の二つをいう．

① 電子は，どんな広がりや形の空間（雲）をつくっているのか？
② 電子は，どれほどの強さ（エネルギー）で核に引かれているのか？

核に引かれる力が弱い電子ほど，つまり核から遠い電子ほど，そばの分子

やイオン(の電子雲)と相互作用しやすい．その理解に向けた一歩を，本章で踏み出そう．

核と電子が高校物理で習う法則に従うなら，正電荷の核と負電荷の電子はたちまち合体してしまい，原子など存在できないことになる．しかしミクロ世界の粒子は，量子力学という特別な物理法則に従って運動するため，正負の電荷は合体しない(というより，合体できない)．

量子力学では，万物が**粒子と波の二面性**をもつとみる．人体や車も二面性をもつのだが，マクロ物体の波動性はまず観測できない．ミクロな粒子は波動性をくっきりと現すので，そのふるまいを解き明かすには，古典物理ではなく量子力学の発想が欠かせない．

1章の「ボーアモデル」では，電子という粒子が核のまわりを回っているとした．だが「波としての電子」は，位置がピタリとは決まらず，くっきりした軌道は描かない．電子の粒子性と波動性をともに考え，そのふるまいを表す理論式を，シュレーディンガー方程式という(1926年に提唱)．シュレーディンガー方程式を解けば，前述の①と②がわかってくる．

シュレーディンガー方程式を2.2節でざっと眺め，続く2.3節に水素原子の解析結果をまとめよう．ただし，量子力学にはじめて出あう読者は2.2〜2.3節をスキップし，あとで振り返ってもよい．2.4節以降は図解を多用し，「電子雲のありさま」の鑑賞を主体にするため，さほどの抵抗なく読み進められるだろう．

E・シュレーディンガー
(1887〜1961)

2.2 シュレーディンガー方程式

シュレーディンガー方程式は，式(2.1)の形に書ける．

$$H\Psi = E\Psi \tag{2.1}$$

だまされた気分になるくらい単純な式だが，むろん奥はそうとう深い．量子力学の根元を紹介するのは本章の範囲を超えるため，関心のある人は適当な専門書を読んでいただきたい．以下，サワリだけ紹介する．

式(2.1)の $\overset{プサイ}{\Psi}$ は，電子(物質波)の状態を表す関数で，とくに**波動関数**とよぶ．また H は，その右手に置いた関数(Ψ)を別の関数に変える指令を表し，力学理論を深化させた19世紀イギリスの数学者・物理学者ハミルトンにちなんで**ハミルトニアン**という．

W・ハミルトン
(1805〜1865)

ハミルトニアン H は数学でいう「作用素」の一種だけれど，量子力学ではふつう**演算子**とよぶ．高校数学で習う一階微分（記号 d/dx）や二階微分（記号 d^2/dx^2）は演算子だし，小学校から学んできた足し算記号（＋）や引き算記号（－）も演算子の仲間になる．ただし量子力学で使うハミルトニアンは，ひらたくいえば「電子のエネルギーを教えろという指令」を表す…と思っておこう．

　シュレーディンガー方程式は，「波動関数 Ψ にハミルトニアン H を作用させると，同じ関数 Ψ の何倍か（じつは E 倍）になる」状況を表す．そうなるような関数 Ψ を**固有関数**，値が決まる E を**固有値**（固有エネルギー）という．どんな関数 Ψ でもそうなるわけではなく，H の中身に応じて固有関数 Ψ（のグループ）が決まる．

　演算子と固有関数・固有値の対応を，やさしい例で眺めておく．一般的な演算子を A と書き，A が作用する関数を $f(x)$ と書こう．$A = d/dx$（一階微分）のとき，$f(x) = \sin x$ は A の固有関数だろうか？ 実際にやってみると $Af(x) = d\sin x/dx = \cos x$ となり，$\cos x$ は「$\sin x$ の何倍か」ではないため，$\sin x$ は A の固有関数ではない．

　A が同じ一階微分でも $f(x) = e^{2x}$ なら，$Af(x) = de^{2x}/dx = 2e^{2x}$ となるので，e^{2x} は A の固有関数だとわかる（固有値は 2）．

【例題 2.1】 $f(x) = \sin x$ は，$A = d/dx$ の固有関数ではなかった．だが二階微分演算子 $A = d^2/dx^2$ の固有関数にはなる．それを確かめよ．
【答】 $Af(x) = d^2 \sin x/dx^2 = d\cos x/dx = -\sin x$ だから，$f(x) = \sin x$ は A の固有関数だといえる（固有値は -1）．

水素原子のハミルトニアン

　ここまで，初心の読者には雲をつかむような話だったかもしれないが，量子力学の雰囲気を感じてもらうだけでかまわない．水素原子がもつ「電子のありさま」探求に向け，そろそろ一歩を踏み出そう．

　シュレーディンガー方程式で水素原子を扱うとき，使うハミルトニアン H はどんな形をしているのだろう？ H は「注目する原子・分子の全エネルギー」を表す．電子よりはるかに重い核（陽子 1 個）は静止している（運動エネルギーが 0）と考えれば，全エネルギーは式 (2.2) のように表せる．

COLUMN! 行列力学

　核のまわりにいる電子などの状態は「ベクトル」で表してよい．そのとき作用素(演算子)は「行列」に表せる．シュレーディンガーが式(2.1)を発表する前年の1925年，行列を使う量子力学の定式化をハイゼンベルクが提案した．それを「行列力学」という(シュレーディンガー流の扱いは「波動力学」)．

　ごく単純な例を考えよう．たとえば行列 $A = \begin{pmatrix} 4 & -1 \\ 2 & 1 \end{pmatrix}$ につき，次式を満たす定数 k とベクトル $\begin{pmatrix} x \\ y \end{pmatrix}$ が見つかったとする．

$$A\begin{pmatrix} x \\ y \end{pmatrix} = k\begin{pmatrix} x \\ y \end{pmatrix}$$

ベクトル $\begin{pmatrix} x \\ y \end{pmatrix}$ が A の固有ベクトル，k が固有値にあたる．

　ハミルトニアンに相当する行列 A を使って電子系を扱うのが，行列力学だということになる．演算子 A は，もとのベクトルを「何倍か」にすれば，そのベクトルが固有ベクトルに相当する (A の作用で向きを変えるベクトルは，固有ベクトルではない)．

　波動力学でも行列力学でも，方程式を満たす固有関数や固有ベクトル ψ と，固有値(固有エネルギー) E を求めるのが課題になる．そうした課題を「固有値問題」という．

W・ハイゼンベルク
(1901～1976)

$$[全エネルギー] = [電子の運動エネルギー] \\ + [陽子 - 電子間の静電エネルギー] \quad (2.2)$$

　電子は三次元空間を運動している．電子の質量 m と速度 v，電気素量 e，真空の誘電率 ε_0，陽子 - 電子間の距離 r を使って具体的に書けば，次のようになる．

$$\begin{aligned} 電子の運動エネルギー &= \frac{1}{2}m(v_x^2 + v_y^2 + v_z^2) \\ &= \frac{1}{2m}\{(mv_x)^2 + (mv_y)^2 + (mv_z)^2\} \quad (2.3) \\ &= \frac{p_x^2 + p_y^2 + p_z^2}{2m} \end{aligned}$$

$$陽子 - 電子間の静電エネルギー = -\frac{e^2}{4\pi\varepsilon_0 r} \quad (2.4)$$

　なお式(2.3)に使った $p_x = mv_x$ は，電子がもつ「x 方向の**運動量**」を表す(運動量は高校物理でも習う)．すぐあとで使うため，わざと書き換えた．

　ボーアモデルのときと同様，陽子 - 電子間の静電エネルギー(クーロンエネルギー)は負の値をもつ．静電エネルギーのゼロ点は，陽子と電子が無限に離れている状況にあたる．両者が近づいて引きあえば，エネルギーが下がって居心地がよくなる…とイメージしよう．

ただし，ボーアモデルとはちがってシュレーディンガー方程式では，ミクロ世界にいる電子の粒子性と波動性の両方を考える．そのとき，全エネルギー（を計算せよという指令）にあたるハミルトニアンも，波動性を含めたものにしなければならない．

そのために，「波の運動量」というものを考える．運動量を波の「勢い」とみよう．波を正弦波 $\sin x$ で表したとき，x とともに激しく形を変える波ほど「勢い」が強いだろう．つまり，波の「運動量」は，$\sin x$ 曲線の傾き（一階微分 $d\sin x/dx$）に比例するとみなす．

そこで，d/dx に何か係数をかけたものが，運動量にあたる演算子だと考える．くわしい理論から「係数」は虚数 i と $\hbar$ を含むとわかり（説明は省略），結果は式(2.5)のようになる．

$$mv_x = p_x \longrightarrow -i\hbar\frac{d}{dx} \tag{2.5}$$

ハミルトニアンには運動量の2乗を使うため，$i^2 = -1$ を考えると，式(2.5)の2乗は $-\hbar^2 d^2/dx^2$ となる[*1]．また，波動関数 Ψ は空間座標 x，y，z の関数 $\Psi(x, y, z)$ だから，距離それぞれについての微分は，常微分ではなく偏微分（記号 ∂）となる．

*1 $\hbar$ はプランク定数 h を 2π で割った量（量子力学で頻出）．

以上をまとめると，水素原子のハミルトニアンは式(2.6)のように書ける．

$$H = -\frac{\hbar^2}{2m}\left(\frac{\partial^2}{\partial x^2} + \frac{\partial^2}{\partial y^2} + \frac{\partial^2}{\partial z^2}\right) - \frac{e^2}{4\pi\varepsilon_0 r} \tag{2.6}$$

シュレーディンガー方程式を「解く」ということ

式(2.6)のハミルトニアンを冒頭の式(2.1)に入れれば，波動関数（固有関数）Ψ と固有値（固有エネルギー）E が出てくる（たやすく解けるわけではないが，ともかく解けると思ってよい）．固有エネルギー E はただの数だが，波動関数は $\Psi(x, y, z)$ の姿をもち，座標 (x, y, z) の値で大きさが変わる．

水素原子の場合，固有エネルギー E は，核（陽子1個）のまわりを運動する電子1個の全エネルギーを表す．ボーアモデル（1章）の場合に説明したとおり，電子はいろいろな状態をとれて，状態が変わればエネルギーも変わる（ときには，複数の状態が同じエネルギーにある）．

つまり，シュレーディンガー方程式の解はいくつも（じつは無限に）ある（その点，同じ「方程式」でも，せいぜい3個の解しかない一次方程式や二次方程

式，三次方程式とはまったくちがう）．

ある固有エネルギー E が決まったとき，対応する波動関数 Ψ が「電子のありさま（状態）」を教えてくれる．ただし，化学現象と密接にからむ状況，つまり「電子がどこにどれくらいの密度で存在するか」は，Ψ そのものではなく，Ψ の 2 乗（$= \Psi^2$）だと心得ておいてほしい（その理由は複雑だから説明は省く）．

シュレーディンガー方程式の解

解法はスキップし，水素原子のシュレーディンガー方程式が解けたとしよう（電子 1 個の系は厳密に解ける．3 章のように多電子原子になると，厳密には解けない）．固有エネルギーは，$n = 1, 2, 3, \cdots$ という正の整数（主量子数．次節参照）を使って式（2.7）のように書ける．

$$E_n = \frac{-me^4}{2(4\pi\varepsilon_0)^2 \hbar^2 n^2} = -13.6\frac{1}{n^2} \ (\mathrm{eV}) \tag{2.7}$$

つまり，エネルギーは飛び飛びの値をとる．いちばん安定な $n = 1$ 状態が $E_1 = -13.6$ eV（-1312 kJ mol^{-1}），その上の $n = 2$ 状態が $E_2 = -3.4$ eV となる．こうしたエネルギー値は，ボーアモデルで出てくる値とぴったり一致する（そこにボーアモデルの大きな意味があった）．

かたや波動関数（固有関数）のほうは，だいぶ複雑な形をもつ．電子の状態を指定する数として，n のほかに l と m が登場し，式（2.8）のようなかけ算で表せる．

$$\Psi_{n,l,m} = R_{n,l}(r) \times Y_l^m(\theta, \phi) \tag{2.8}$$

$R_{n,l}(r)$ は，核（陽子）から r だけ離れた位置にどれほどの電子が存在するかを表し，**動径成分**や動径関数という（ただし電子の存在確率は，$R_{n,l}(r)$ の 2 乗に比例）．関数の形は，整数 n と l の値で決まる．$n = 1 \sim 3$ の場合について，動径成分の具体的な式を表 2.1 にまとめた（式中の a_0 は，1 章にも出てきたボーア半径）．

もう一方の $Y_l^m(\theta, \phi)$ は，陽子の位置を原点とし，どの角度方向に電子がいるかを表し，**角度成分**や角度関数とよぶ（ただし電子の存在確率は，角度成分の 2 乗に比例）．関数の形は，整数 l と m の値が決める．$l = 0 \sim 2$ の場合について，角度成分の具体的な式を表 2.2 にまとめた．

❰2.3　量 子 数❱

コラム（p.24）で扱った行列の場合，$A = \begin{pmatrix} 4 & -1 \\ 2 & 1 \end{pmatrix}$ に対する固有値と固有ベクトルは次のようになる（行列を学んだ読者は確かめよう．最後は簡単な連立一次方程式を解く）．

2.3 ● 量 子 数　27

表2.1 動径成分の表式 ($n = 1 \sim 3$)

$$R_{1,0} = 2\left(\frac{1}{a_0}\right)^{\frac{3}{2}} \exp\left(\frac{-r}{a_0}\right)$$

$$R_{2,0} = \sqrt{\frac{1}{8}}\left(\frac{1}{a_0}\right)^{\frac{3}{2}}\left(2 - \frac{r}{a_0}\right)\exp\left(\frac{-r}{2a_0}\right)$$

$$R_{2,1} = \sqrt{\frac{1}{24}}\left(\frac{1}{a_0}\right)^{\frac{3}{2}}\frac{r}{a_0}\exp\left(\frac{-r}{2a_0}\right)$$

$$R_{3,0} = \frac{2}{81\sqrt{3}}\left(\frac{1}{a_0}\right)^{\frac{3}{2}}\left(27 - 18\frac{r}{a_0} + 2\frac{r^2}{a_0^2}\right)\exp\left(\frac{-r}{3a_0}\right)$$

$$R_{3,1} = \frac{4}{81\sqrt{6}}\left(\frac{1}{a_0}\right)^{\frac{3}{2}}\left(\frac{6r}{a_0} - \frac{r^2}{a_0^2}\right)\exp\left(\frac{-r}{3a_0}\right)$$

$$R_{3,2} = \frac{4}{81\sqrt{30}}\left(\frac{1}{a_0}\right)^{\frac{3}{2}}\frac{r^2}{a_0^2}\exp\left(\frac{-r}{3a_0}\right)$$

表2.2 角度成分の表式 ($l = 0 \sim 2$)

$$Y_0^0 = \sqrt{\frac{1}{4\pi}}$$

$$Y_1^0 = \sqrt{\frac{3}{4\pi}}\cos\theta$$

$$Y_1^{\pm 1} = \sqrt{\frac{3}{8\pi}}\sin\theta\exp(\pm\,i\phi)$$

$$Y_2^0 = \sqrt{\frac{5}{16\pi}}(3\cos^2\theta - 1)$$

$$Y_2^{\pm 1} = \sqrt{\frac{15}{32\pi}}\sin 2\theta\exp(\pm\,i\phi)$$

$$Y_2^{\pm 2} = \sqrt{\frac{15}{32\pi}}\sin^2\theta\exp(\pm\,2i\phi)$$

$$\text{固有値}\ k = 2 \ \longrightarrow \ \text{固有ベクトル}\ \begin{pmatrix} 1 \\ 2 \end{pmatrix} \tag{2.9}$$

$$\text{固有値}\ k = 3 \ \longrightarrow \ \text{固有ベクトル}\ \begin{pmatrix} 1 \\ 1 \end{pmatrix} \tag{2.10}$$

　つまり，行列（演算子）1個に，複数の固有値と固有ベクトルが伴う．ハミルトニアン H が生む固有値（固有エネルギー）と波動関数（固有関数）の関係も似ていて，次の結果になる（E_4, E_5, …と無限にあるが省略）．

$$E_1 \ \rightarrow \ \Psi_{1,0,0} \tag{2.11}$$

$$E_2 \ \rightarrow \ \Psi_{2,0,0} ;\ \Psi_{2,1,-1},\ \Psi_{2,1,0},\ \Psi_{2,1,1} \tag{2.12}$$

$$E_3 \ \rightarrow \ \Psi_{3,0,0} ;\ \Psi_{3,1,-1},\ \Psi_{3,1,0},\ \Psi_{3,1,1} ;$$

$$\Psi_{3,2,-2},\ \Psi_{3,2,-1},\ \Psi_{3,2,0},\ \Psi_{3,2,1},\ \Psi_{3,2,2} \tag{2.13}$$

　見やすくするため，$n = 1$ と $n = 2$ の場合につき，n, l, m の相互関係を表2.3にまとめた．

表2.3 固有エネルギーと波動関数を結ぶ量子数の関係

量子数 n　量子数の三つの組 (n, l, m)
$n = 1 \ \rightarrow \ (n = 1,\ l = 0,\ m = 0)$
$n = 2 \ \rightarrow \ (n = 2,\ l = 0,\ m = 0), (n = 2,\ l = 1,\ m = -1),$
$(n = 2,\ l = 1,\ m = 0), (n = 2,\ l = 1,\ m = 1)$

　水素原子がもつ電子1個は，決まった（ただし複数の）状態しかとれない．その状態は三つの整数（**量子数**）で指定でき，それぞれ**主量子数** n，**方位量子数** l，**磁気量子数** m という．3種の量子数は次の相互関係にある．

① 主量子数 n は，1, 2, 3, …という正の整数をとる．
② n が決まったとき，方位量子数 l は 0, 1, 2, …, $n-1$ という整数（計

28 2章 ● 水素原子

n 個)をとる.

③ l も決まったとき,磁気量子数 m は $-l$, $-l+1$, $-l+2$, $\cdots$, 0, 1, 2, $\cdots$, l という整数(計 $2l+1$ 個)をとる.

なかなか入り組んだ関係だが,「上記の条件を満たすのがシュレーディンガー方程式の解(固有関数)」だと思っておこう.ともかく電子がとれる状態は,量子数三つの組 (n, l, m) が決める[*2].

*2 本書では,水素原子(本章)の電子には「状態」や「状態の成分」というよびかたを使い,多電子原子(3章以降)の電子がとる状態は「軌道」とよぶ.

主量子数 n が 2 のときを考えよう.規則②より,方位量子数 l は 0 か 1 になる.$l=0$ だと磁気量子数 m は 0 しかなく(規則③),状態は $(2, 0, 0)$ のひとつに決まる.かたや $l=1$ なら m は -1, 0, 1 と三つあるため,電子の状態には $(2, 1, -1)$,$(2, 1, 0)$,$(2, 1, 1)$ の三つがありうる(表2.4).

表2.4 量子数どうしの関係($n=1\sim3$ に限定)

n	l	m	記号(次項参照)
1	0	0	1s
2	0	0	2s
	1	-1, 0, 1	2p
3	0	0	3s
	1	-1, 0, 1	3p
	2	-2, -1, 0, 1, 2	3d

大まかにいうと,主量子数 n は電子雲の「サイズ」を,方位量子数 l は雲の「形」を,磁気量子数 m は雲の「張り出す向き」を決める.

状態の分類

電子の状態は通常,主量子数 n の値(1, 2, 3, 4, $\cdots$)と,方位量子数 $l=0$, 1, 2, 3 に対応する文字(それぞれ s,p,d,f)のセットで表す[*3].

*3 文字 s,p,d,f は,原子発光線の姿をいう sharp(鋭い),principal(おもな),diffuse(ぼやけた),fundamental(基本的な)の頭文字だった(19 世紀の命名).もはや意味は失っているものの,伝統を尊んでまだ使う.なお,f のあとは g, h, i, … となるが,g より先の安定な原子はない.

すると $n=1$,$l=0$ は「1s 状態」となる.m は 0 しかないため(規則③),1s 状態は量子数の組 $(1, 0, 0)$ を表す.

$n=2$,$l=1$ は 2p 状態という(上記をもとに確かめよう).そのとき m には -1, 0, 1 の三つがあるから(規則③),2p 状態は $(2, 1, -1)$,$(2, 1, 0)$,$(2, 1, 1)$ の 3 成分を含む.

同様に考えれば,3d 状態($n=3$,$l=2$)には,$m=-2$, -1, 0, 1, 2 に応じた $(3, 2, -2)$,$(3, 2, -1)$,$(3, 2, 0)$,$(3, 2, 1)$,$(3, 2, 2)$ という 5 成分があるとわかる.

【例題 2.2】 4f 状態はいくつあるか.

【答】 4f は「$n=4$,$l=3$」だから,規則③より m は -3, -2, -1, 0, 1, 2, 3 となり,4f 状態は七つある.

2.4 状態とエネルギー

やや面倒な話は切り上げ，ここからは，水素原子がもつ電子1個の「ありさま」を鑑賞しよう．ほんとうの図解は次節以降に回し，まずは状態とエネルギーの関係を押さえておく．

式(2.7)より，最低エネルギー(最安定状態)は $n=1$ の状態だった．前述のとおり，$n=1$ は 1s 状態(1個)に決まる．

次に安定な $n=2$ には，$l=0$(2s 状態)と $l=1$(2p 状態)がある．電子が1個しかない水素原子の場合，2s と 2p のエネルギーは等しい(多電子原子だと差ができる．3章参照)．

続く $n=3$ は，$l=0, 1, 2$ にそれぞれ対応する 3s, 3p, 3d 状態をもつ($n=2$ と同様，エネルギーはみな等しい)．

磁気量子数 m の値に応じた状態の多重化(成分)も考え，以上のことを図 2.1 に描いた．

図 2.1 水素原子の電子状態とエネルギー
四角の枠は，状態それぞれに伴う磁気量子数 m の個数(3d 状態なら 5 個)を表す．

2.5 電子の分布

ここからは，シュレーディンガー方程式の解をもとに，状態それぞれに応じた電子の空間分布を眺めよう．

シュレーディンガー方程式の解は，動径成分(表 2.1)と角度成分(表 2.2)のかけ算で表せるのだった．脳内でかけ算をするのはまず無理だから，コンピュータに計算させる．その結果を次で，単純なものにかぎって紹介しよう．むろん本章では，核(陽子1個)のまわりに電子が1個しかない水素原子だけを考える．

【例題 2.3】 1s 状態の波動関数を書け．

【答】 1s は「$n=1, l=0, m=0$」だから，表 2.1 と表 2.2 より波動関数は次式のようになる．

$$\Psi_{1,0,0} = R_{1,0}(r) \times Y_0^0(\theta, \phi) = 2\left(\frac{1}{a_0}\right)^{\frac{3}{2}} \exp\left(\frac{-r}{a_0}\right)\sqrt{\frac{1}{4\pi}}$$

1s 状態

いちばん安定な 1s 状態の波動関数を図 2.2 に示す．動径成分は，核（陽子）の位置で最大値となり，核から離れるにつれて減る．角度成分は球対称性を示す．つまり電子は，核を中心として球状に分布する．$n = 2, 3, 4, \cdots$ の s 状態でも，電子は球状に分布すると考えてよい．

動径成分は，三次元の姿を平面には描きにくいから，核を含む平面で切ったとき，断面に現れる値を描いた．波動関数（右）の濃淡は電子の存在確率をおよそ表す．

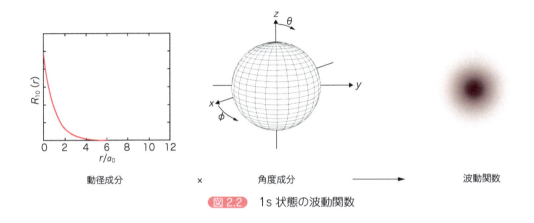

図 2.2　1s 状態の波動関数

2s 状態

次に安定な $n = 2$ には，2s 状態と 2p 状態がある．先述のとおり，水素原子ではどちらもエネルギー（$-3.4\ \mathrm{eV}$）が等しい．

まず 2s 状態は，1s 状態と同じく球対称の姿をもつ（図 2.3）．ただし 1s と比べ，空間的な広がりが大きいうえ，二重の層をなす点がちがう．

波動関数（右）のうち白く抜けた部分は，電子の存在確率が 0 になる（電子の存在しない）場所を表す．そうした場所を「節」という．動径成分の関数（表 2.1）を見ると，$r = 2a_0$（ボーア半径の 2 倍）のときに値が 0 となり，節はそこにあたる．電子は三次元に広がり，節も面状だから「節面」ともよぶ．

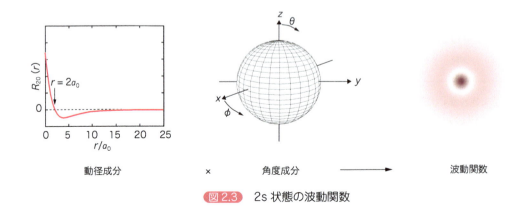

図 2.3　2s 状態の波動関数

波動関数は，茶色い中心部（正値）を節（0）がとり囲み，その外側をさらに橙色の部分（負値）が囲んでいる姿に描いた．

2p 状態

$n = 2$，$l = 1$ の 2p 状態は，磁気量子数 $m = -1$, 0, 1 に応じて三つに分かれる．まずは $m = 0$ を調べよう．

動径成分は，中心で値が 0 となり，少し離れた位置で極大値をとる（図 2.4）．かたや角度成分は串刺し団子の趣をもち，xy 平面上で 0 になる．

以上をかけあわせた波動関数は，z 軸（上下）方向に張り出した形を示し，中央（xy 平面）に白い筋（電子のない箇所）をもつ（図 2.5）．z 軸方向に張り出しているため，$2p_z$ 状態という．

2p 状態には，$m = -1$, 1 の仲間もある．$m = 0$ の結果から類推できるとおり，それぞれの波動関数は，x 方向と y 方向に伸びた串刺し団子状になる．以上の三つをまとめ，$2p_x$, $2p_y$, $2p_z$ 状態とよぶ．電子が存在しない節面は，$2p_x$ 状態なら yz 平面，$2p_y$ 状態なら xz 平面にあたる．

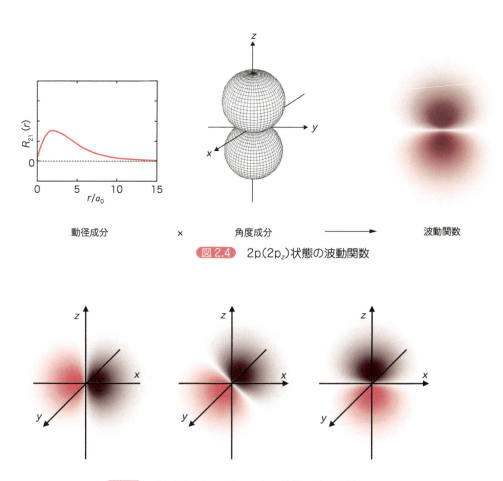

動径成分　　×　　角度成分　　⟶　　波動関数

図 2.4　2p（$2p_z$）状態の波動関数

図 2.5　（左から）$2p_x$, $2p_y$, $2p_z$ 状態の波動関数
関数の符号（正・負）を色分けした．

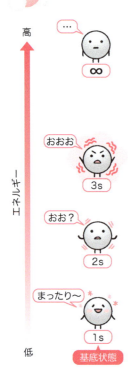

3s 状態, 3p 状態, 3d 状態

次に安定な 3s, 3p, 3d 状態は, 水素原子なら, やはり同じエネルギー（−1.5 eV）にある.

3s 状態の電子は, 1s 状態や 2s 状態と同様, 核を中心とした球対称の空間に分布する（図 2.6）. 2s 状態には節面がひとつあるのに対し, 3s 状態の節面は二つある. 3p 状態は 2p 状態に似ているけれど, 中央付近に新たな節面をもつ. 3d 状態の波動関数はさらに複雑な形を見せる（p.33 のコラムも参照）.

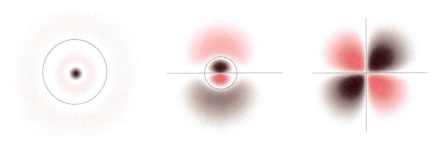

図 2.6　3s, $3p_z$, $3d_{zx}$ 状態の波動関数
関数の符号（正・負）を色分けした. 節の位置を黒い実線で示す.

2.6　波動関数の広がり

主量子数 n は, 電子雲の「サイズ」を表すため（p.28）, 電子分布の広がりは 1s → 2s → 3s 状態の向きに増す（図 2.7）. そのとき核と電子の平均距離が増え, 電子のエネルギーは上がる（不安定化する）.

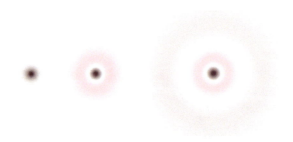

図 2.7　波動関数の広がり比較
左から 1s, 2s, 3s 状態.

ボーアモデル（1 章）でも同様に, 軌道半径が増すほどエネルギーが高まる…と説明した. ただし電子は, くっきりした軌道を運動するわけでなく, 空間的に分布しているのだと心得よう（とりわけ s 状態の電子は $l = 0$ で, これはじつは,「軌道角運動ゼロ」を表すため, 核のまわりを「回っている」イメージは成り立たない）.

水素原子の電子は 1 個しかない. その電子が, 状態いくつかのうち, どれ

COLUMN! 3d 状態の姿

3d 状態には，$3d_{z^2}$, $3d_{zx}$, $3d_{yz}$, $3d_{x^2-y^2}$, $3d_{xy}$ の五つがある．そのうち $3d_{z^2}$ と $3d_{yz}$ の波動関数を下に描いた（図①）．

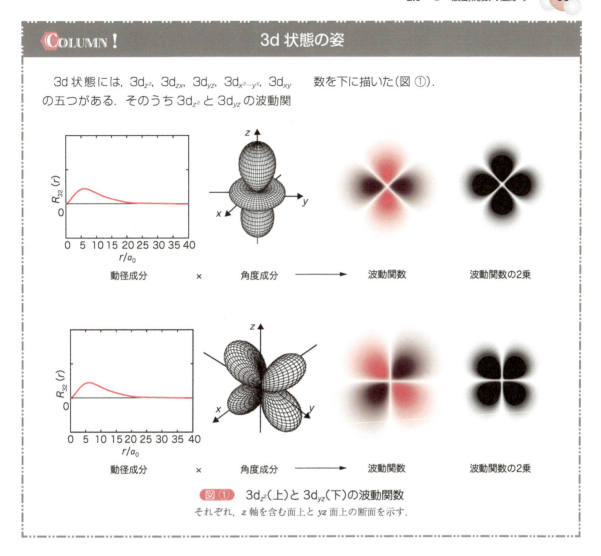

図① $3d_{z^2}$（上）と $3d_{yz}$（下）の波動関数
それぞれ，z 軸を含む面上と yz 面上の断面を示す．

かひとつをとれる．いちばん居心地がいいのは最低エネルギーの 1s 状態で，それを基底状態という．ほかの状態はエネルギーがずっと高いため，何ごともなければ，どの水素原子も基底状態にある．

外からエネルギーをもらうと，電子は基底状態より高いエネルギーの状態に移れる．それを励起状態とよぶ．水素原子の場合，2s, 2p, 3s, 3p, 3d, …はみな励起状態にあたる．

1s 状態の動径分布関数

1s 状態をまた眺めよう．電子は球対称に分布し，存在確率は核の近くで高く，核から離れるほど薄くなる．それは当然として，電子は「どのあたりにいる」と思えばいいのだろう？

電子の確率分布は，$R_{n,l}(r)$ の 2 乗を使う**動径分布関数**というもので表せる．たとえば 1s 状態の動径分布関数は次式 (2.14) に書ける[*4]（図 2.8）．

[*4] $P(r)$ に球殻（シェル）の厚み δr をかけると，球殻内に電子が存在する確率になる．

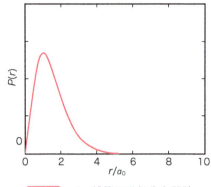

図 2.8　1s 状態の動径分布関数

$$P(r)\mathrm{d}r = r^2(R_{1,0})^2 \mathrm{d}r \tag{2.14}$$

表 2.1 の式を使って具体的に表そう[*5].

$$P(r)\mathrm{d}r = 4r^2\left(\frac{1}{a_0}\right)^3 \exp\left(\frac{-2r}{a_0}\right)\mathrm{d}r \tag{2.15}$$

*5　指数関数 e^{-kr} は r がどれほど大きくても完全な 0 にはならないから,「原子 1 個は無限に大きい」といえる. そうした電子の「しみ出し」が, さまざまな化学現象に効く.

$P(r)$ を r で微分したものを 0 とすれば, $P(r)$ が極大値になる距離 r がわかる. 結果は $r = a_0$ だから, 1s 状態の電子は, だいたい「核からボーア半径だけ離れたあたりにいる」. ボーアのモデルでもそうだった.

ただし, 波動関数に節がある 2s 状態や 3s 状態の電子だと, そう簡単な話ではなくなる.

【例題 2.4】　動径分布関数が $r = a_0$ で極大になるのを確かめよ.

【答】　$P(r)$ を r で微分すると次のようになる.

$$\begin{aligned}\frac{\mathrm{d}P(r)}{\mathrm{d}r} &= 4\left(\frac{1}{a_0}\right)^3 \exp\left(\frac{-2r}{a_0}\right)\left(2r - \frac{2}{a_0}r^2\right) \\ &= \frac{8}{a_0}\left(\frac{1}{a_0}\right)^3 \exp\left(\frac{-2r}{a_0}\right)(a_0 - r)r\end{aligned}$$

微分した結果を 0 とし, $r = a_0$ を得る.

2.7　節の数

波動関数を見るときは, 節に注目しよう. 節では波動関数が 0 になり, その 2 乗も 0 だから, 節には電子が存在しない. 節の有無は, 化学結合の考察に欠かせない. 水素原子につき, 節面の数を表 2.5 にまとめた.

3s, 3p, 3d 状態 (図 2.6) を考えよう. 3s 状態は, 動径成分に円状の節を 2 個もっている. 図は切断面を表すため, 実際の姿は「円」ではなく球面になる.

3p 状態は, 動径成分が円状 (じつは球面) の節を 1 個, 角度成分が線状 (じ

表2.5 節面の数

	1s	2s	2p	3s	3p	3d	
動径成分	0	1	0	2	1	0	$n-l-1$ 個
角度成分	0	0	1	0	1	2	l 個
合計	0	1	1	2	2	2	$n-1$ 個

つは平面)の節を1個もつ．さらに3d状態だと，角度成分が線状の節を2個もつ．どちらの状態でも節の合計数は2になる．

かたや1s状態は，動径成分にも角度成分にも節がない(むろん足しても0)．また2s状態は，動径成分が節を1個もつけれど，角度成分は節をもたない(足せば節は1個)．

以上より，主量子数 n の状態は，$n-1$ 個の節をもつとわかる．主量子数が増すほど，電子のエネルギーが上がる(不安定化する)のだった．節が多いほどエネルギーが高い(安定性が低い)のは，水素原子にかぎらず一般に成り立つ．ぜひ覚えておこう．

2.8 波動関数とその2乗

波動関数 Ψ は固有エネルギー E にある電子の状態を教え，波動関数の2乗は電子の存在確率を教える(2.2節)．いままではおもに波動関数そのものを扱ったけれど，ここでは波動関数の2乗を鑑賞しよう(図2.9)．

たとえば2p状態の波動関数では，符号が正の部分と負の部分を区別できた．正負の部分が「上下」にあるとしよう．2乗すればどちらも正だから，上下の区別はできない．また，上下の切れ目にある節面は，2乗するとくっきり見えるようになる(節面に電子は存在しない[*6])．

*6 いま考えているのは水素原子だから，電子は1個しかない．その1個が，たとえば3s状態なら，三つの空間に分かれて分布する．古典力学ではどうあっても説明できない不思議な状況だといえよう．

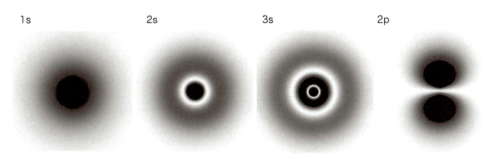

図2.9 波動関数の2乗の空間分布

2.9 振り返り：水素原子の発光線

以上をもとに，1章で眺めた水素原子の発光線(**発光スペクトル**)を振り返ろう．電子1個が高エネルギーの(不安定な)状態から安定な状態へ移るとき，原子は余分なエネルギーを光子の形で出す．発光線の実測波長は，電子がとれるさまざまな状態のエネルギーにからむ．

電子がとれる状態は，エネルギーの低いほうから次のように表せる．

$$1s(-13.6\,\text{eV}) < 2s = 2p(-3.4\,\text{eV}) < 3s = 3p = 3d(-1.5\,\text{eV})$$
$$< 4s = 4p = 4d = 4f(-0.9\,\text{eV}) < \cdots \tag{2.16}$$

何度か書いたとおり，エネルギー E は主量子数 n と式(2.17)で結びつき，1s 状態が $-13.6\,\text{eV}$，2s 状態と 2p 状態が $-3.4\,\text{eV}$ だった．

$$E = -13.6\,/\,n^2\,(\text{eV}) \tag{2.17}$$

電子が n_2 (たとえば $n_2 = 3$ の 3s 状態や 3p 状態)から n_1 (たとえば $n_1 = 1$ の 1s 状態)へ移る(落ちる)とき，エネルギー差 ΔE は式(2.18)に書ける．

$$\begin{aligned}\Delta E &= E_2 - E_1 = \left(-13.6\frac{1}{n_2^2}\right) - \left(-13.6\frac{1}{n_1^2}\right) \\ &= 13.6\left(\frac{1}{n_1^2} - \frac{1}{n_2^2}\right)(\text{eV})\end{aligned} \tag{2.18}$$

エネルギー差 ΔE は，出る光子のエネルギー $h\nu$ に等しいのだった(h はプランク定数，ν は振動数)．

$$\Delta E = h\nu \tag{2.19}$$

M・プランク
(1858～1947)

光の振動数と波長 λ，光速 c は $c = \nu\lambda$ で結びつくため，波長の逆数 $1/\lambda$ は ν/c と書ける．式(2.18)と組み合わせ，次の関係式を得る．

$$\begin{aligned}\frac{1}{\lambda} &= \frac{\nu}{c} = \frac{h\nu}{ch} = \frac{\Delta E}{ch} = \frac{13.6}{ch}\left(\frac{1}{n_1^2} - \frac{1}{n_2^2}\right) \\ &= R\left(\frac{1}{n_1^2} - \frac{1}{n_2^2}\right)\end{aligned} \tag{2.20}$$

式(2.20)は1章の式(1.7)にぴったり一致し(リュードベリ定数 R の中身も教え)，ボーアモデルの考察結果にも合う．

このように，水素原子の電子1個がとる状態を，空間分布と(飛び飛びの)エネルギーに注目して眺めた．電子が複数個の原子だと，電子たちは，サイズ1億分の1 cm 以下の空間をみごとに「住み分ける」．そんな多電子原子の世界を次の3章で調べよう．

1. 水素原子のイオン化エネルギーを eV 単位で計算せよ．
2. 水素原子のとる状態それぞれで，エネルギーと「波動関数の節の数」にはどのような関係があるか．
3. 光速 $c = 3.00 \times 10^8\,\text{m s}^{-1}$，プランク定数 $h = 6.63 \times 10^{-34}\,\text{J s}$，$1\,\text{eV} = 1.602 \times 10^{-19}\,\text{J}$ の関係と式(2.20)より，リュードベリ定数を計算せよ．

3章 多電子原子

- 電子の「軌道」とは，何を指すのか？
- 複数個の電子は，各軌道をどのように占めていくのか？
- パウリの排他律，フントの規則とは何か？
- 原子ができるときの「安定化エネルギー」とは何か？
- 化学現象で働く外側の電子は，どんな性質をもつのだろう？

3.1 構成原理

いま名前をもつ元素は，不安定なもの（約20種）も含めて114種ある．原子番号（核がもつ陽子の数）の順に並べると，性質の似た元素が周期的に現れる（**周期律**）．おなじみの周期表（図3.1）にまとめれば，性質の似た元素が上下に並ぶ[*1]．

*1 族の「上 → 下」で金属性が増すため，たとえば14族は，正真正銘の非金属（炭素C）から正真正銘の金属（鉛Pb）へと，単体の「見た目」は激しく変わる（15族，16族も同様）．

周期＼族	1	2	3	4	5	6	7	8	9	10	11	12	13	14	15	16	17	18
1	H																	He
2	Li	Be											B	C	N	O	F	Ne
3	Na	Mg											Al	Si	P	S	Cl	Ar
4	K	Ca	Sc	Ti	V	Cr	Mn	Fe	Co	Ni	Cu	Zn	Ga	Ge	As	Se	Br	Kr
5	Rb	Sr	Y	Zr	Nb	Mo	Tc	Ru	Rh	Pd	Ag	Cd	In	Sn	Sb	Te	I	Xe
6	Cs	Ba	Ⓛ	Hf	Ta	W	Re	Os	Ir	Pt	Au	Hg	Tl	Pb	Bi	Po	At	Rn
7	Fr	Ra	Ⓐ	Rf	Db	Sg	Bh	Hs	Mt	Ds	Rg	Cn	Nh	Fl	Mc	Lv	Ts	Og

図3.1 元素の周期表[†]

3〜11族は遷移元素，ほかは典型元素という．Ⓛ：ランタノイド，Ⓐ：アクチノイド．

D・メンデレーエフ
（1834〜1907）

[†] 113, 115, 117, 118番元素は，2016年6月8日発表の記号案を示した．Nh：ニホニウム，Mc：モスコビウム，Ts：テネシン，Og：オガネソン．

*2 水素の性質はアルカリ金属にもハロゲンにも似ているため、周期表上の置き場所に統一見解はない（図3.1のほか、17族に置く周期表、1族と17族の両方に置く周期表、どの族にも置かない周期表もある）。

*3 ベリリウム Be とマグネシウム Mg を除外する流儀もあるが、昨今は通常、2族の全部をアルカリ土類金属と見なす。

*4 英語では、building-up principle のほか、量子論の萌芽期に使われた主要言語（ドイツ語）を借りて Aufbau principle とよぶことも多い。

周期表の縦方向を族といい、1族から18族まである。水素[*2]を除く1族はアルカリ金属、2族はアルカリ土類金属[*3]、10族は白金族、11族は銅族、17族はハロゲン、18族は貴ガス…というように、「似たものどうし」を特定のグループ名でよぶことも多い。

周期律は、「複数個の電子が、核まわりのミクロ空間をどのように住み分けるのか」から生まれる。「住み分け」の要因には、空間的な分布と、とれるエネルギーの値がある。その両面にからむルールを**構成原理**という[*4]。

構成原理は、2章でざっと触れた量子力学をもとにしている。2章の復習も含め、段階を踏みつつ構成原理の中身をつかんでいこう。

電子の軌道

2章の水素原子は、陽子1個と電子1個からなっていた。他元素の原子（多電子原子）だと、陽子を複数もつ核を、同数の電子がとり囲む。そのとき電子たちは、どんな状態にあるのだろう？ 結論をいってしまうと、複数個の電子それぞれも、2章で見た1sや2pなど、量子数3種のセットが決める状態をとる。

ただし本書では、多電子原子の場合、電子がとる「状態」とはいわず、電子が入る**軌道**と表現する。つまり電子は、3種の量子数が決める1s軌道や2p軌道などに収まる。また、核まわりの電子が入る軌道は、ときに**原子軌道**と総称する。

原子軌道それぞれの形は、2章で図解した水素原子の「状態」にほぼ同じだと考えてよい（図3.2）。

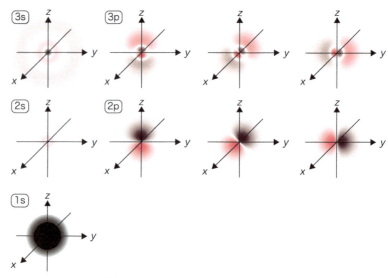

図3.2 多電子原子の電子が入る軌道

複数個の電子も、水素原子と似た形で特定の軌道に入っていく――その背

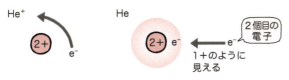

図 3.3　ヘリウム原子の核と電子

景を，ヘリウム原子を例に眺めよう（図 3.3）．

　ヘリウム原子は，陽子 2 個の核（+2 電荷）と電子 2 個からなる．まず，電子が 1 個だけのヘリウムイオン He^+ を想像しよう．1 個の電子は，He^+ 核の +2 電荷に引きつけられている．その状況は，「核の電荷が 2 倍になっただけの水素原子」だといえる．すると He^+ 内の電子 1 個も，3 種の量子数が決める状態をとるだろう．

　さて，2 個目の電子を He^+ に近づけていく．少し離れた場所にいる 2 個目の電子は，最初の電子が核の +2 電荷を打ち消した「+1 電荷」を感じるはず．それなら 2 個目の電子も，3 種の量子数が決める状態をとるだろう．

　このように，電子が 1 個ずつ核のまわりに加わっていくとみれば，多電子原子がもつ電子の状態は，3 種の量子数が決めると考えてよい．

原子軌道のエネルギー

　水素原子の場合なら，電子がとる状態は，低エネルギー側から次のようになるのだった（p.29）．

$$1s < [2s = 2p] < [3s = 3p = 3d] <$$
$$[4s = 4p = 4d = 4f] < \cdots \tag{3.1}$$

　多電子原子だと，電子は複数個あるため，その負電荷が反発しあう．反発が効く結果，原子軌道のエネルギーは次のように変わる（図 3.4）．

$$1s < 2s < 2p < 3s < 3p < 4s < 3d < 4p \cdots \tag{3.2}$$

図 3.4　原子軌道のエネルギー

エネルギーの値は元素ごとに異なるけれど，高低の順は（わずかな例外を除き）元素の種類によらない．水素原子の場合とちがい，主量子数の同じ軌道でもエネルギーに差ができる．また4s軌道と3d軌道では，4s軌道のほうが低エネルギーにある．以上の2点に注意しよう．

電子のスピン

核を太陽，電子を惑星とみなせば，電子が核まわりでする運動は，惑星の「公転」にあたる[*5]．じつのところ電子は，「自転」にあたる運動もしている．それを電子の**スピン**という．

*5 何度かいったとおり，s軌道の電子は「公転」していないため，便宜上の表現だと心得よう．

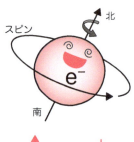

電子のスピンも，やはり古典物理の世界とはちがい，勝手な向きは許されない．厳密ではないもののわかりやすいイメージでいうと，「右向き自転」か「左向き自転」かになる（「斜め向きの自転」はない）．それぞれを以下，上か下を向く矢印（↑と↓）で書こう．スピンの向きは，四つ目の量子数（スピン量子数．記号 s）で表す．

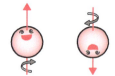

上向きスピン　下向きスピン

パウリの排他律

核まわりの電子たちは，軌道にどう入っていくのだろう？　自然はとにかく安定化を目指すので，全エネルギーが最低になる入りかたをしたい．とはいえ，すべての電子が1s軌道に入るわけにはいかない．次のきびしいルールがあるからだ（量子力学の結論．くわしい説明は省略）．

> ある軌道に電子は2個しか入れない．2個の電子が入るとき，1個は上向きスピン，もう1個は下向きスピンになる．

つまり，スピン状態までみると，ある原子のなかに「同じ状態の電子」は1個しかない．それを**パウリの排他律**という．

W・パウリ
（1900～1958）

3.2　電子配置

以上をもとに，原子番号の若い元素いくつかにつき，電子の入りかた（**電子配置**）を眺めよう．

いちばん単純な水素原子（2章）は，図3.5のように描ける．軌道（水平線）に置いた矢印（スピンの向き）が，電子1個を表す．最低エネルギーの1s軌道に電子1個が入った水素原子を，「H：1s^1」と表記しよう．

図3.5　水素原子の電子配置

続くヘリウム原子は電子を2個もつ．最安定の1s軌道には電子が2個まで入れるため，電子は2個とも1s軌道に入る（スピンは上向きと下向き．図3.6）．前にならい，「He：1s^2」と表記する．

同じ軌道に，同じ向きの矢印を描いてはいけない（そんな状態はない）．また，1s軌道と2s軌道に電子を1個ずつ入れた状態はありうるが，図3.6に比べればエネルギーがずっと高い（居心地の悪い励起状態．後述）．

原子番号3のリチウム原子には電子が3個あり，うち2個が最低エネルギーの1s軌道に入る．すると1s軌道は満杯だから，残る1個はエネルギーの高い2s軌道に入るしかない（図3.7）．電子配置は「Li：1s^{2}2s^1」となる．

ベリリウムBeを飛ばして，原子番号5のホウ素を見てみよう．まず4個の電子が1s軌道とs軌道を2個ずつ占め，残った1個は2p軌道に入る（図3.8）．磁気量子数 $m = -1, 0, 1$ に応じた軌道3個のどれに入ってもよいし，スピンの矢印は下向きでもよい．電子配置は「B：1s^{2}2s^{2}2p^1」と書く．

図3.6 ヘリウム原子の電子配置

図3.7 リチウム原子の電子配置

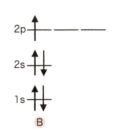

図3.8 ホウ素原子の電子配置

フントの規則

続く炭素（原子番号6なので電子は6個）では，1s軌道と2s軌道に2個ずつ入ったあと，残る2個が2p軌道に入っていく（C：1s^{2}2s^{2}2p^2）．ただし2p軌道の占めかたは，ひと通りではない（図3.9aと3.9b）．

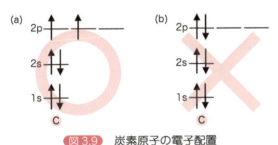

図3.9 炭素原子の電子配置
(a)許される配置，(b)許されない配置．

こうした場合は，次のルール（**フントの規則**）に従う．

F・フント
(1896〜1997)

> エネルギーの等しい軌道がいくつかあれば，複数個の電子は，スピンの向きをそろえて別々の軌道に入る[*6]

*6 別々の軌道なら，空間的に多少は離れている分だけ，電子（負電荷）どうしの反発が少なくて安定性が高い．

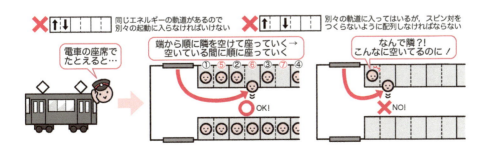

つまり 2p 軌道の電子 2 個は，2p 軌道三つのうち二つに，スピンをそろえて入る（図 3.9a）．2 本の矢印は下向きでもよいし，軌道三つのうちどの二つに入ってもよい．

以上に述べた二つのルール，つまりパウリの排他律とフントの規則を総合したものが「構成原理」だと考えよう．

【例題 3.1】 酸素原子とナトリウム原子の電子配置を描け．
【答】 酸素原子 O：$1s^2\,2s^2\,2p^4$（図 3.10a）
ナトリウム原子 Na：$1s^2\,2s^2\,2p^6\,3s^1$（図 3.10b）

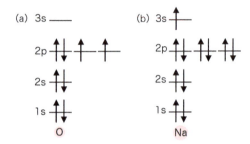

図 3.10 酸素原子 (a) とナトリウム原子 (b) の電子配置

第 1～3 周期に並ぶ元素の電子配置を，周期表と同じ位置関係で図 3.11 にまとめた．第 1 周期は 1s 軌道，第 2 周期は 2p 軌道，第 3 周期は 3p 軌道が，それぞれ満杯になっていく流れを表す．

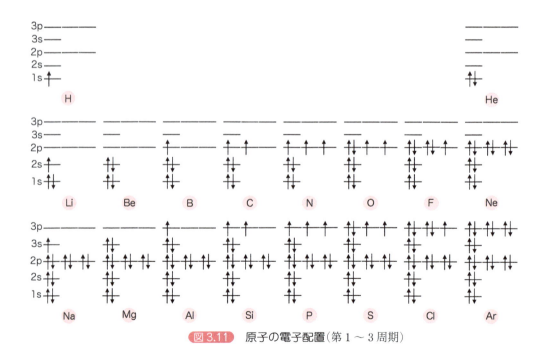

図 3.11 原子の電子配置（第 1～3 周期）

電子配置の規則性と例外

構成原理に従えば，原子番号(電子数)とともに電子配置がどうなるかをつかむのはやさしい．原子番号 1 ～ 36 の元素につき，基底状態の電子配置を表 3.1 にまとめた．眼力の鋭い読者なら，不規則な箇所があるのに気づくだろう(すぐあとで触れる)．

表 3.1 原子の電子配置(第 1 ～ 4 周期の元素)

周期	原子番号	原子	K	L		M			N			
			1s	2s	2p	3s	3p	3d	4s	4p	4d	4f
1	1	H	1									
	2	He	2									
2	3	Li	2	1								
	4	Be	2	2								
	5	B	2	2	1							
	6	C	2	2	2							
	7	N	2	2	3							
	8	O	2	2	4							
	9	F	2	2	5							
	10	Ne	2	2	6							
3	11	Na	2	2	6	1						
	12	Mg	2	2	6	2						
	13	Al	2	2	6	2	1					
	14	Si	2	2	6	2	2					
	15	P	2	2	6	2	3					
	16	S	2	2	6	2	4					
	17	Cl	2	2	6	2	5					
	18	Ar	2	2	6	2	6					
4	19	K	2	2	6	2	6		1			
	20	Ca	2	2	6	2	6		2			
	21	Sc	2	2	6	2	6	1	2			
	22	Ti	2	2	6	2	6	2	2			
	23	V	2	2	6	2	6	3	2			
	24	Cr	2	2	6	2	6	5	1			
	25	Mn	2	2	6	2	6	5	2			
	26	Fe	2	2	6	2	6	6	2			
	27	Co	2	2	6	2	6	7	2			
	28	Ni	2	2	6	2	6	8	2			
	29	Cu	2	2	6	2	6	10	1			
	30	Zn	2	2	6	2	6	10	2			
	31	Ga	2	2	6	2	6	10	2	1		
	32	Ge	2	2	6	2	6	10	2	2		
	33	As	2	2	6	2	6	10	2	3		
	34	Se	2	2	6	2	6	10	2	4		
	35	Br	2	2	6	2	6	10	2	5		
	36	Kr	2	2	6	2	6	10	2	6		

1s 軌道，2s 軌道，2p 軌道がみな満杯のネオン原子は，電子配置が「Ne：$1s^2\,2s^2\,2p^6$」となる．このようにs軌道とp軌道が満杯の姿を**貴ガス型の電子配置**という．

貴ガス型の電子配置は，元素記号で代用できる．たとえば $1s^2$ という電子配置を[He]と書き，それを使うとフッ素の電子配置は「F：[He]$2s^2\,2p^5$」と表せる（チタンが「Ti：[Ar]$3d^2\,4s^2$」と書けるのを確かめよう）．

21番スカンジウム(Sc)のあと，電子は3d軌道に入っていく．3d軌道には成分が5個あるため，計10個までの電子が入れる．原子番号が進むにつれて，3d軌道に電子が1個ずつ増えるのだけれど，24番のクロム(Cr)と29番の銅(Cu)に首をひねる読者もいよう．

23番バナジウム(V)と25番マンガン(Mn)の間にあるクロムなら，図3.11の右手に近い4s軌道に2個，3d軌道に4個の電子が入りそうだ．しかし実際の3d軌道は，4s軌道から1個が移ってきた趣で，電子が計5個になる．また，29番の銅も，電子1個が4s軌道から「転居」する結果，3d軌道に10個の電子をもつ．

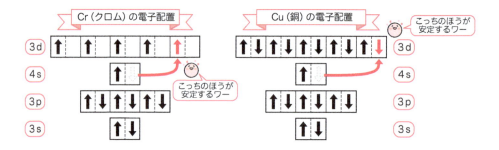

むろん電子の「転居」も，安定化を目指す営みにほかならない．じつのところd軌道は，「ちょうど半分だけ満ちるか，完全に満ちると，その分だけエネルギーが下がる」性質をもつ（くわしい説明は省略）．

3.3 電子殻

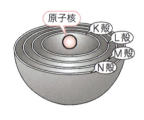

高校化学の教科書には，「原子内の電子は，K殻，L殻，M殻…という電子殻のなかを運動する」，「電子殻に入れる電子の最大数は，K殻から順に2個，8個，18個，…，$2n^2$ 個」と書いてある．

K殻は $n=1$，L殻は $n=2$，M殻は $n=3$ の軌道を表す（図3.11）．$n=1$ の1s軌道には電子が2個まで入る．$n=2$ だと，2s軌道に2個，2p軌道に6個まで電子が入るため，合計数は最大で8個となる．

一般化してみよう．主量子数 n には方位量子数 $l=0, 1, 2, \cdots, n-1$（n 個）が伴い，l 値の同じ軌道は（磁気量子数 m に応じて）$2l+1$ 個ある（2.3節）．軌道1個には（スピン対の）電子が2個まで入るため，ある主量子数 n の状態（つまり**電子殻**）に入れる電子の数 $N(n)$ は次のようになり，「2個，8個，18個，…，$2n^2$ 個」に合う．

$$N(n) = \sum_{i=0}^{n-1} 2(2i+1) = \sum_{i=0}^{n-1}(4i+2) = 4\frac{(n-1)n}{2} + 2n = 2n^2 \quad (3.3)$$

【例題 3.2】 2p 軌道までを満杯にする電子の総数はいくつか．
【答】 1s 軌道 2 個，2s 軌道 2 個，2p 軌道 6 個の和だから 10 個（Ne 原子）．

閉 殻

高校化学では，「最大数の電子が入った電子殻」を「閉殻」とよび，貴ガスのヘリウム He やネオン Ne を例に，「電子配置が閉殻の元素は安定性が高い」と説明する．だがその説明は，「K 殻，L 殻，M 殻，…」の定義に合わないので注意しよう．

たとえば M 殻は，主量子数 $n = 3$ を意味するため，$n = 3$ の「閉殻」なら，3d 軌道も満杯のはず（電子の総数は $2 \times 3^2 = 18$ 個）．けれど貴ガスのアルゴン Ar は電子配置が $[Ne]3s^2 3p^6$ となり（図 3.11），M 殻の電子は 8 個しかないため，「本物の閉殻」とはいえない．

正しくは，主量子数 n と方位量子数 l が決める軌道（2p，3s など）を「副殻」とよび，「副殻が満杯の状態」を**閉殻**という．だから，1s 軌道が満杯のヘリウムも，2p 軌道までが満杯のネオンも，3p 軌道までが満杯のアルゴンも閉殻になる（貴ガスはどれも閉殻）．広い意味では，2s 軌道までが満杯のベリリウム（Be：$1s^2 2s^2$）も閉殻とみてよい[*7]．

炭素（C：$1s^2 2s^2 2p^2$）なら，2p 軌道が閉殻ではないものの，「2s 軌道までは閉殻」といえる．

ハロゲン（17 族）の原子は，外から電子を 1 個もらえば電子配置が閉殻になる．また，アルカリ金属（1 族）の原子は，1 個の電子を出して閉殻の電子配置をとれる．

[*7] 高校化学では副殻を扱わないため，「苦しい説明」をするしかない．

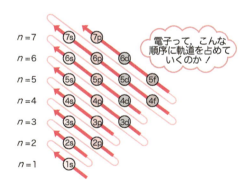

3.4 基底状態と励起状態

いままでは，基底状態にある安定な原子の電子配置を眺めた．基底状態の

上には，エネルギーの高い（不安定な）励起状態がある．

たとえばヘリウム原子の基底状態は，1s軌道に電子2個をもつ「$1s^2$」だった．水素原子の電子が多彩な状態をとれるのと同じくヘリウム原子も，1s軌道に1個，2s軌道に1個の電子が入った配置「$1s^1 2s^1$」もとれる．それが励起状態のひとつになる．

励起状態の原子は基底状態に戻りたい．自発的にエネルギーを出して基底状態に戻ってもいいし，ほかの原子や分子とぶつかって相手にエネルギーを渡してもいい．

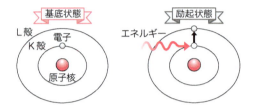

原子スペクトル

外からエネルギーをもらってできた励起原子は，光（エネルギー）を出して基底状態に戻ることが多い．1章と2章で触れた「原子の発光線」はそうやって生じる．中学校からおなじみの炎色反応では，バーナーの熱で励起された原子が基底状態に戻るとき，元素に特有な光を出す．ナトリウムだと，発光の波長（約 589 nm）が黄色の光にあたる．

励起原子の出す光の波長は，リュードベリ定数を $R (= 1.097 \times 10^7$ m$^{-1})$，発光にからむ原子軌道の量子数を m，n とした式(3.4)に書ける．

$$\frac{1}{\lambda} = R\left(\frac{1}{(m+a)^2} - \frac{1}{(n+b)^2}\right) \tag{3.4}$$

上式の a と b を補正項という．$a = b = 0$ なら水素原子の発光を表す式(1.7)に一致するため，補正項は，水素原子からのずれ（多電子原子の特性）を表すと考えてよい．

外からエネルギーをもらって励起状態になるときは，通常，いちばん外側の電子が別の軌道に移る．ナトリウム原子の基底状態は[Ne]$3s^1$ だった．黄色の光は，[Ne]$3p^1$ という励起状態が基底状態へ戻るときに出る．

いちばん外側の電子にとって「内側」は，陽子11個と電子10個の集団と見なせる．正負の電荷が打ち消しあい，正味で +1 電荷だけを感じるため，状況は水素原子の電子と似ている．ただし，似ていても「同じ」ではないから，食いちがいを a と b で補正する．ナトリウムの発光線は，$m = n = 3$，$a = 1.37$，$b = 0.88$ に合う．

$$\frac{1}{\lambda} = 1.0974 \times 10^7 \times \left(\frac{1}{(3-1.37)^2} - \frac{1}{(3-0.88)^2}\right) \tag{3.5}$$

計算結果の λ = 592 nm は実測値に近い．くわしく観測すると，発光線の波長には 589.0 nm と 589.6 nm の二つがある．電子のスピンがエネルギーをわずかに「分裂」させる結果，発光線は 2 本になる．

3.5　電子の分布とエネルギー

それぞれ決まった軌道に入る電子は，どんな空間分布をもつのだろう．ナトリウム原子の場合を図 3.12 に描いた．広がりの度合いは，エネルギーの高い(不安定な) 3s 軌道の電子がいちばん大きい．3s 軌道に比べれば，最安定な 1s 軌道も，次に安定な 2s 軌道，2p 軌道も，原子核に「へばりついている」ようなものだとわかる．

内側(内殻)の電子は，ナトリウム原子の核(+11 電荷)に強く引かれ，安定化している．かたや，いちばん外側(最外殻)の 3s 軌道は，核による束縛が弱いため，周囲から影響を受けやすい．そのため，反応性も含めた原子の性質は，いちばん外側の電子が決めることになる．

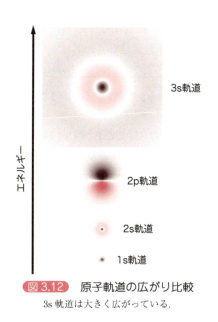

図 3.12　原子軌道の広がり比較
3s 軌道は大きく広がっている．

電子の安定化エネルギー

水素原子の 1s 状態がもつエネルギー (−13.6 eV) は，無限に離れていた陽子 1 個と電子 1 個が近づきあい，原子をつくったときの「安定化エネルギー」とみてよい．

ヘリウム原子ならどうか．まず，核(陽子 2 個)と電子 1 個が近づき，ヘリウムイオン He^+ になるとしよう．その安定化エネルギーは，核の電荷が水素原子の 2 倍あり，核−電子の平均距離が半分だから[*8]，2 の 2 乗 (= 4) をかけた $-13.6 \times 4 = -54.4$ eV になる(図 3.13)．

[*8] 安定化エネルギーは核の電荷に比例し，距離に反比例する．

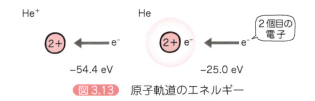

図 3.13　原子軌道のエネルギー

　2個目の電子を He$^+$ に近づけてヘリウム原子 He をつくるとき，安定化エネルギーは -25.0 eV だとわかっている．2個目の電子から見た場合，最初の電子が核の正電荷を完全に遮蔽していれば，安定化エネルギーは水素原子と同じ -13.6 eV になる．かたや，まったく遮蔽していなければ -54.4 eV になるだろう．-25.0 eV はそのほぼ中間だから，「不完全な遮蔽」が起こっているとわかる．

　こうして，バラバラの電子2個と核（+2電荷）からヘリウム原子ができるときの安定化エネルギーは $(-54.4)+(-25.0)=-79.4$ eV になる．電子2個が互いに作用しあわないなら $(-54.4)\times 2 = -108.8$ eV となるため（上記），両者の差 29.4 eV だけ不安定化している．不安定化分は，ヘリウム原子内で起こる電子どうしの静電反発がもたらす．

【例題 3.3】 電子1個と核（+3電荷）がイオン Li^{2+} をつくるときの安定化エネルギーはいくらか．

【答】 核の電荷は水素原子の3倍だから，図3.13にならってその2乗（= 9）をかけ，$(-13.6)\times 9 = -122.4$ eV となる．

原子のイオン化エネルギー

　「He$^+$ + e$^-$ → He」に伴う安定化エネルギーの直接観測はむずかしい．そこでふつうは逆の現象，つまり「He 原子から電子1個を引き離す」のに必要なエネルギーを測る．

　原子に光を当てると，いちばん外側の不安定な電子が飛び出しやすい．むろん，不安定とはいえ核（正電荷）に引かれている電子を引き離すには，一定のエネルギーを要する．そのエネルギーを**イオン化エネルギー**や**イオン化ポテンシャル**という．

　いちばん外側にいる電子の軌道エネルギーを図 3.14 に描いた．上向き矢印の長さが，イオン化エネルギーにあたる．イオン化エネルギーは，原子番号とともにきれいな周期性を示す．

　同じ周期だと，イオン化エネルギーはアルカリ金属（1族）が最小で，原子番号とともに増え（ただし逆転箇所あり），貴ガスで最大になる．次の周期へ移った瞬間にイオン化エネルギーは激減するが，以後はまた周期表の「左 → 右」で大きくなっていく．

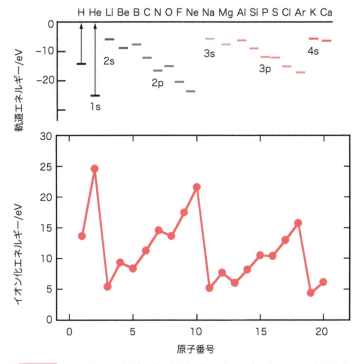

図 3.14 軌道エネルギーとイオン化エネルギー（1～20 番元素）

こうした変化は，① 原子番号の増大に伴う陽子数増加と，② 高い周期に移るときの主量子数増加が起こす．

まず，同じ周期のまま原子番号が増えれば，核の電荷が増す結果，電子はより強く核に引かれる．すると軌道のエネルギーが減る（安定化する）ため，引き離すのに必要なエネルギー（つまりイオン化エネルギー）は増える．

一方，新しい周期に移れば，原子軌道の主量子数が 1 だけ増す（ネオン → ナトリウムなら，2p → 3s）．主量子数の増した軌道は，核からひときわ遠い位置にあるため，そこを占める電子のエネルギーが高まる（不安定化する）結果，イオン化エネルギーは減ることになる．

内殻電子のエネルギー

いままでは，いちばん外側（最外殻）の軌道に着目してきた．内側（内殻）にいる電子のエネルギーも見ておきたい．第 2 周期までの 10 元素につき，原子軌道のエネルギーを図 3.15 に示す．

全体を見ると軌道のエネルギーは，原子番号が増すにつれて下がる．とりわけ変化の激しい 1s 軌道なら，ホウ素〜ネオンではマイナス数百 eV（数万 kJ mol^{-1}）にもなる（その先はさらに下がっていく）．

かたや，2s 軌道と 2p 軌道のエネルギーはかなり近い．大まかにとらえれば，2s 軌道と 2p 軌道がほぼ同レベル（1s 軌道だけ別レベル）といってよい．なかでも，ホウ素と炭素，窒素あたりまでは，2s 軌道と 2p 軌道のエネルギー差

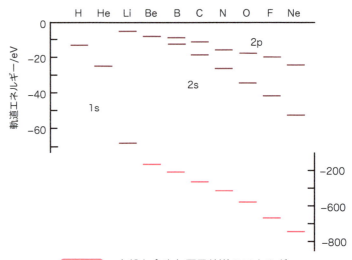

図3.15 内殻も含めた原子軌道のエネルギー
ベリリウム以降の1s軌道には右下の尺度を使う．

がほぼ 10 eV 以内に収まっている．

じつのところ 2s 軌道と 2p 軌道の「近さ」こそが，共有結合（とりわけ混成軌道の形成）で大きな役割を演じる．4章では（いままでと同様）エネルギーに注目しつつ，原子どうしが「なぜ結びつくのか」を調べよう．

1. 基底状態にある塩素原子の電子配置を書け．
2. イオン化した原子の電子配置は，中性の原子をもとに考えればよい．フッ化物イオン F^- の電子配置を書け．
3. ヘリウム原子の第二イオン化エネルギー（$He^+ \to He^{2+} + e^-$ に要するエネルギー）を求めよ．

4章 分子の形成

- 原子どうしの結合は，どんな電子がつくるのか？
- ルイス構造，オクテット則とは何か？
- 分子の立体構造は，どうやって決まるのか？
- 混成軌道は，どのようにしてできるのか？
- 原子どうしが結合すると，エネルギーはなぜ下がるのか？

4.1 共有結合

目には見えないけれど，身近には，窒素 N_2 や酸素 O_2，二酸化炭素 CO_2 などの分子が多い．分子は原子がつながりあって（結合して）できる．原子間結合の種類として，次の四つを高校化学で学んだ．

イ オ ン 結 合：正負のイオンが静電力で引きあう結合
共 有 結 合：原子どうしが電子を出しあう結合
金 属 結 合：自由電子の「海」が金属イオンをまとめあげる結合
配 位 結 合：「配位子」の差し出す電子を原子2個が共有する結合

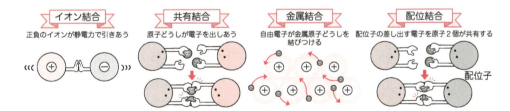

本章では**共有結合**に注目しよう．共有結合の表記法と，共有結合で生まれる分子の形をざっと眺めてから，最重要の問い，つまり「原子どうしはなぜつながるのか？」を考える．

いちばん単純な水素分子 H_2（図 4.1）は，2個の水素原子 H がつながってできる．遠く離れた原子2個が近づきあうとき，核（陽子）それぞれのまわりに

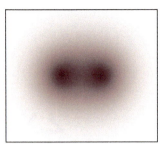

図 4.1 水素分子内の電子分布
水素分子のなかには電子は 2 個しかいない．濃淡は電子のいそうな場所を表している．

いた電子は相手の核からも引かれはじめ，ついには 2 個の核が 2 個の電子を「共有」するイメージになるだろう．

そのとき，ある瞬間を見れば，右側の核に電子 2 個が属したような電子配置をとる．別の瞬間には，左側の原子が属したような電子配置をとるだろう．共有結合は，このように原子 2 個が電子を共有してできる[*1]．

*1 高校化学の説明はそこで終わるが，電子（系）が「なぜ安定化するのか？」をいわないため，ほんとうの説明にはなっていない．

主役は最外殻電子

次に，酸素原子 2 個が結合した酸素分子 O_2 を考えよう．酸素原子の電子配置は「O：$1s^2\,2s^2\,2p^4$」と書くのだった（3 章）．

多電子原子どうしの共有結合は，どう考えればよいのか？ 2 個の酸素原子が近づくと，核から遠い場所に広がる 2s 軌道と 2p 軌道が重なりあえる．かたや，核に「へばりついた」感じの 1s 軌道は重なりあえず，結合生成には寄与できない．

酸素の場合，最外殻の「2s 軌道 + 2p 軌道」に収まった計 6 個の電子が，結合の担い手になると考えてよい．化学結合は一般に，内殻の低エネルギー電子ではなく，広がりの大きい最外殻電子が重なりあってできる．

もうひとつ，重なりあう軌道どうしは，空間的に近いほか，エネルギーも近くなければいけない．酸素原子の 1s 軌道は，核に「へばりついて」いるばかりか，$-562\ \mathrm{eV}$ という激しい安定化も受けている．

かたや 2s 軌道と 2p 軌道のエネルギー差は，酸素で約 20 eV，同じ第 2 周期のホウ素，炭素，窒素なら 6 〜 16 eV しかない．そのため最外殻軌道は，空間的にもエネルギー的にも重なりやすく，共有結合をつくりやすい．

4.2 ルイス構造

水素では 1s 軌道の電子が，第 2 周期の元素では 2s 軌道と 2p 軌道の電子が，それぞれ結合の生成にからむ（どちらも最外殻電子）．2s 軌道と 2p 軌道が混ざりあった（混成した）軌道がからむ場合もあるけれど，さしあたりは 2s 軌道と 2p 軌道を区別せず，価電子の総数だけに着目しよう．元素記号のまわりに価電子を点で描いたものを，**ルイスの記号**という[*2]（図 4.2）．

ルイスは，「化学結合は原子 2 個が価電子の対（ペア）を共有してつくり，

*2 高校化学では「電子式」と教えるが，『学術用語集 化学編』（旧文部省編）に「電子式」は載っていない．

H・　・Ċ・　・N̈・　・Ö・

図4.2　ルイスの記号（例）

G・ルイス
（1875～1946）

生じる化合物のなかではどの原子も貴ガス型の電子配置をとる」と考えた．そのとき水素原子は（形式上）ヘリウムと同じく価電子2個をもち，第2周期の原子は，ネオンと同じく価電子8個をもつ．「価電子8個」に注目し，ルイスの発想を一般に**オクテット則**とよぶ[*3]．

結合をつくる1対（2個）の電子を，**共有電子対**という．共有電子対は，互いに逆向きのスピンをもっている．N極とS極を逆向きにした棒磁石2本が引きあうのと同様，逆スピンの電子2個は，引きあう分だけ空間的に近づきあえる[*4]．そんな電子対が，正電荷の核2個をつなぐ「糊」になる…とイメージしよう．

原子それぞれにルイスの記号を添えた分子の表記を，**ルイス構造**とよぶ．ルイス構造は，価電子の「点」をそのまま使って描いてもよいし，電子対1個（電子2個）を1本の線にして描いてもよい．たとえば，水素分子 H_2 と水分子 H_2O のルイス構造は，次のように描ける．

H:H　または　H−H

H:Ö:H　または　H−O−H

[*3] 水素原子の立場では「デュエット則」になる．

[*4] 負電荷が強く反発しあうため，電子2個は「合体」しない．

電子2個の共有で生じる結合を単結合という（上記の1本線）．水分子をつくったあとの酸素原子は，結合に関係しない電子対を2個（電子の総数は4個）もつ．そういう電子対を，**非共有電子対**（または**孤立電子対**，ローンペア）とよぶ．

【例題 4.1】　フッ素分子 F_2 のルイス構造を描け．
【答】　:F̈:F̈:　または　:F̈−F̈:

二重結合と三重結合

二酸化炭素 CO_2 のルイス構造は次のように描ける．

Ö::C::Ö　または　O=C=O

炭素原子と酸素原子が価電子を2個ずつ出しあって共有する結果，どの原子もネオンと同じ貴ガス型の電子配置となり，二酸化炭素ができる．このよ

うに，電子対 2 個(電子 4 個)がつくる共有結合を**二重結合**という．

窒素分子 N_2 ができるときは，2 個の窒素原子が価電子を 3 個ずつ出しあってネオンと同じ電子配置になる．電子対 3 個(電子 6 個)を共有するため，**三重結合**とよぶ．

$$:N:::N:\quad\text{または}\quad\ddot{N}\equiv\ddot{N}$$

オゾン分子 O_3 には，やや複雑な事情がひそむ．まずルイス構造を描いてみよう．

$$:\ddot{O}:\ddot{O}::\ddot{O}:\quad\text{または}\quad:\ddot{O}-\ddot{O}=\ddot{O}:$$

3 個の酸素原子が，単結合 1 本と二重結合 1 本で結びついている．構成原子がわかっているとき，できる結合の数は次の手順で計算できる．オゾン分子に当てはめてみよう．

① 構成原子の価電子総数を確かめる：オゾンだと $6 \times 3 = 18$ 個
② どの原子も電子を共有しないまま価電子 8 個をもつとして，価電子総数を求める：$8 \times 3 = 24$ 個
③ 足りない電子の数を求める：$24 - 18 = 6$ 個
④ 足りない電子 2 個を結合 1 本が補うものとして，結合の本数を求める：$6 / 2 = 3$ 本

その 3 本を二重結合 1 本と単結合 1 本に割り振れば，上記のルイス構造になる(単結合 3 本をもつ三角形の分子もありうるけれど，ひずみが大きすぎて安定ではない)．

共　鳴

オゾン分子 O_3 のルイス構造が正しいなら，両端の酸素原子は等価ではない．また結合の長さも，左側が長く，右側が短いだろう．しかし実測によると，オゾン分子は，折れ曲がった構造をもち(結合角 116.8°)，結合の長さも 1 種類(0.128 nm)しかない．

そこで再びルイス構造を眺めれば，下のように，二つの等価な構造が描けるとわかる．

$$O-O=O \longleftrightarrow O=O-O$$

実のところオゾン分子は，二つの構造を行き来する結果，単結合 1 本と二重結合 2 本ではなく，「2 本の 1.5 重結合」をもつとみてよい(実態)．そこで，上に描いた構造二つを極限構造とよび，極限構造間の行き来を**共鳴**という．

形式電荷

オゾン分子のルイス構造をもう一度見直そう．水や二酸化炭素と比べたとき，電子の「出どころ」に変わった点があるのに気づく．

分子のルイス構造を考える際，電子の帰属は次のルールを基礎にする：

① 非共有電子対は，原子それぞれに属す．
② 共有電子対は，各原子に1個ずつ属す．

すると，各原子がもつ電子は，左から7個，5個，6個となる．中性の酸素原子は価電子6個をもっていたため，左の原子は電子が1個だけ多く，中央の原子は1個だけ少ない．そこで電子の過不足を記号（−，＋）で表し，**形式電荷**とよぶ．つまりオゾン分子がとる極限構造のひとつは，形式電荷も含めて次のルイス構造に描ける．

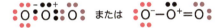

【例題 4.2】 形式電荷も含め，アンモニウムイオン NH_4^+ のルイス構造を描け．

【答】

$$\begin{array}{c} H \\ H:\overset{+}{N}:H \\ H \end{array} \quad または \quad \begin{array}{c} H \\ | \\ H-\overset{+}{N}-H \\ | \\ H \end{array}$$

一般に，形式電荷を「なるべく穏やかな値」にするのが，分子や多原子イオンの安定な姿だと思ってよい．たとえば二酸化炭素 O＝C＝O なら，「単結合1本 + 三重結合1本」の構造も描けるけれど，そのとき形式電荷は，左端の酸素が −，右側の酸素が + となる．一方，おなじみの「二重結合2本」なら，どの原子も形式電荷が0となり，それが安定な形だといえる．

オクテット則の例外

オクテット則（H 原子ならデュエット則）は多くの化合物に当てはまり，共鳴構造や形式電荷まで考えれば，原子のつながりをつかむのに役立つ．ただし例外もある．

たとえば，三フッ化ホウ素 BF₃ のルイス構造（図 4.3）を見ると，B 原子のまわりには価電子が 6 個しかない．ホウ素原子（B：$1s^2\,2s^2\,2p^1$）は価電子（$2s^2\,2p^1$）が 3 個だから，フッ素と単結合を 3 本つくっても，価電子は 6 個にとどまる（不完全オクテット）．

図 4.3 BF₃ のルイス構造と分子モデル

むろん B 原子はあと 2 個の電子をほしがるため，たとえばフッ化物イオン F⁻ と配位結合し，B 原子がオクテットの陰イオン BF₄⁻ になる．

4.3 電子対反発モデル

オクテット則（デュエット則）は通常，第 2 周期までの元素によく当てはまる．構造式がわかればルイス構造を描けるし，さらには分子の立体（三次元）構造も予測できる．構造の予測には，次の三つのルールを基礎とする**電子対反発モデル**[*5] を使う．

*5 英語で VSEPR（valence-shell electron-pair repulsion；原子価殻電子対反発）モデルともいう．

① 共有電子対（結合 1 本．二重結合や三重結合も「1 本」とみる）も非共有電子対も，同じ「負電荷のかたまり」とみなす．
② ある原子のまわりにできる立体構造は，負電荷（電子対）の反発が最小となるように決まる．
③ 相対的に広い空間を占める非共有電子対は，「反発力」が共有電子対より強い．

おなじみのメタン分子 CH₄（図 4.4）を考えよう．中心の炭素原子は，共有電子対を 4 個もつ（非共有電子対はない）．共有電子対どうしの反発を最小化するには，中心の炭素原子から正四面体の頂点へ向かう線上に，電子対 4 個を置けばよい．そのとき結合相手の水素原子 4 個は，みな等価になる．

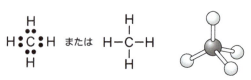

図 4.4 メタン分子のルイス構造と分子モデル

アンモニア分子 NH₃ はどうか（図 4.5）．窒素原子は共有電子対 3 個と非共有電子対 1 個をもつ．ルール②より，計 4 個の電子対は，正四面体の頂点へ向かう線上にある．ただしルール③から，非共有電子対の強い「反発力」が結合電子対 3 個を押しやるため，分子は三方錘（少しつぶれた三角ピラミッド）の形になる．

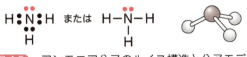

図 4.5　アンモニア分子のルイス構造と分子モデル

水分子 H₂O も眺めよう（図 4.6）．酸素原子は共有電子対 2 個と非共有電子対 2 個をもち，電子対はやはり計 4 個だから，それぞれ正四面体の頂点へ向かう線上にある．ただし，非共有電子対 2 個が OH 結合を強く押し（ルール③），分子は V 字形になる．その結果，H−O−H がなす角は，メタンの H−C−H 角（109.5°）よりも小さい 104.5° になる．

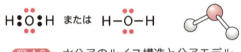

図 4.6　水分子のルイス構造と分子モデル

電子対反発モデルは，知っている分子の構造を確認できるばかりか，見慣れない分子の構造を予測するのにも役立つ．

四フッ化硫黄 SF₄ を考えよう（図 4.7）．ルイス構造からわかるとおり，SF₄ の S 原子はオクテット則を満たさず，まわりに 10 個も電子をもつ（超原子価化合物．なお F 原子はオクテット則を満たす）．それはさておき，S 原子には非共有電子対が 1 個あり，共有電子対 4 個と合わせた「電子対 5 個」が，三方両錘をつくる．ただし，「見えない」非共有電子対を無視すると，分子自体はシーソーの形だといえる．

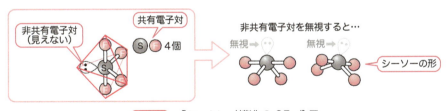

図 4.7　「シーソー」構造の SF₄ 分子

SF₄ と同様，中心原子のまわりに電子対 5 個がある物質を並べてみよう（図 4.8）．結合原子が 5 個の PCl₅ は，まさしく三方両錘の形（図 4.8）をもつ．SF₄ → ClF₃ → XeF₂ と変わる（結合原子が減る）につれて非共有電子対が増

え，「見える」原子のつくる分子形が変化する．こうした分子の図は，「見えない」非共有電子対の反発を想像しながら鑑賞しよう．

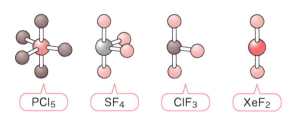

図 4.8　中心原子まわりに電子対が5個ある分子の構造

4.4　混成軌道

炭素と水素だけからできる三つの分子（図4.9）の形を調べよう．いままで説明したとおり，メタンは単結合4本で正四面体の形になる（4個の水素原子は等価）．

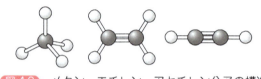

図 4.9　メタン，エチレン，アセチレン分子の構造

かたや，二重結合を含むエチレンは平面分子で，炭素原子1個がもつ2本のC−H結合は120°をなす．また，三重結合を含むアセチレン分子では，原子4個がみな直線上にある．なぜそうなるのだろう？　そのカギは，炭素原子の2s軌道と2p軌道が握っている．

本章のはじめに，次の2点を示した．

① 2s軌道と2p軌道が混ざりあって結合をつくる．
② 2s軌道と2p軌道は，とりあえず区別しない．

単結合だけの分子なら，構造の説明には②だけ使えばよい．けれど二重結合や三重結合をもつ分子では，2s軌道と2p軌道の混ざりあい（①）をややていねいに考えなければいけない．

2s軌道は1成分，2p軌道は3成分からなるため，「電子の入る箱」がそれぞれひとつ，三つとしよう．炭素原子では，2s軌道の箱に2個，2p軌道の箱二つに1個ずつ入っている．分子をつくるとき，2s軌道の箱と2p軌道の箱を組みあわせて使ってもよいとする．

単結合だけのメタンでは，2s軌道の箱と三つある2p軌道の箱が混ざりあい，4個の等価な箱ができる．2s軌道1個と2p軌道3個だから，**sp³ 混成**

軌道とよぶ.「等価な4個の軌道」なので，中心の炭素原子から正四面体の頂点へ向かう姿になる（図4.10）*6.

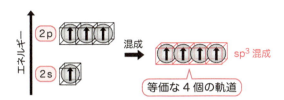

エチレン分子は二重結合をもつ．ルイス構造で描いた二重結合のうち1本（共有電子対の1個）は，ほかとは性質がまったくちがうため，別扱いにする（すぐ下で説明）．

2s軌道の箱ひとつと，2p軌道の箱二つを混ぜあわせ，等価な箱三つをつくるとしよう．2s軌道1個と2p軌道2個だから**sp² 混成軌道**とよぶ．「等価な3個の軌道」なので平面をつくり，120°の角をなす．つまりsp²混成軌道の結合3本は，ある炭素原子からみな120°の方向に伸びる（図4.11の白丸の電子対）．

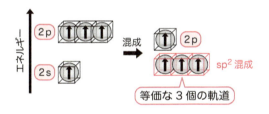

別扱いにした2p軌道1個（図4.11の赤丸の電子対）は，隣りあう炭素の2p軌道と（C–C軸の外側で）結合をつくる．そんな結合を**π結合**といい，残るC–H原子間とC–C原子間の結合は**σ結合**とよぶ（図4.12）*7.

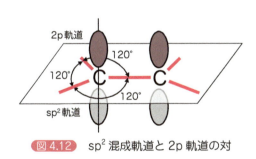

図4.12 sp²混成軌道と2p軌道の対

アセチレン分子は三重結合をもつ．三重結合をつくる電子対のうち二つは，ほかとは性質がちがう．残るC–C結合1本とC–H結合2本は等価で，あるC原子から伸びる等価な軌道2本は，直線をつくる．アセチレンの場合，2p軌道2個を残し，2s軌道と2p軌道1個ずつから軌道ができるため，**sp**

*6 混成軌道の形成にはエネルギーを投入する必要があるが，H原子4個との結合をつくったときにエネルギーが大きく下がるため，差し引きで「安定化」になる．つまり軌道の混成は，「わずかな投資で大きく儲ける」作戦とみてよい．

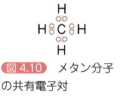

図4.10 メタン分子の共有電子対

図4.11 エチレン分子の共有電子対

*7 周囲にH原子がたっぷりあれば，C原子はsp³混成して安定なメタンになりたい．H原子が足りないので，仕方なくエチレン分子C₂H₄をつくると考えよう（アセチレンC₂H₂の生成も同様）．

図 4.13 アセチレン分子の共有電子対

混成軌道とよぶ（図 4.13）．

別扱いにした 2p 軌道 2 個は，隣りあう炭素の 2p 軌道を相手に，やはり C−C 軸の外側で 2 本の π 結合をつくる．つまりアセチレンの三重結合は，1 本の σ 結合と 2 本の π 結合からなる（図 4.14）．

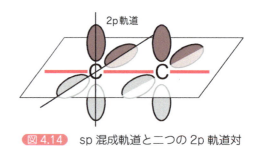

図 4.14 sp 混成軌道と二つの 2p 軌道対

4.5 分子軌道

ルイス構造は，分子の形や性質，反応性を考えるのに役立つ．とはいえ，分子内の電子がどんな状態にあるのかは，あまり教えてくれない．ルイス構造だと「原子と原子の間」だけに描く電子も，じつは分子全体に広がっている．

いちばん簡単な分子，水素原子 2 個がつくる水素分子をまた眺めよう．遠くから原子 2 個が近づきあうと，それぞれの核まわりにいた電子は，相手の核の正電荷も感じるため，原子 2 個の全体に分布したがる．

そのとき二つの状態ができる．電子が核 2 個のすき間に入りこむ状態（図 4.15a）と，核のすき間に入りこめず，外側を囲むような状態（図 4.15b）だ．分子内にできるこうした電子の分布を，**分子軌道**という．

ミクロ世界の電子は，粒子と波の二面性をもつのだった．混じりあう二つの波は，強めあったり弱めあったりする．核 2 個のすき間に入りこんだ電子は，波が強めあっている状態とみてよい．かたや，核の外側をとり囲む電子は，波が弱めあっている状態にあたる．二つの波が混じりあうと，そうした 2 種類の状態が必ずできる．

原子や分子の世界でも，正電荷どうしは反発し，正電荷と負電荷は引きあう．2 個の水素原子が近づくとき，核と核の間に入りこんだ負電荷の電子は，

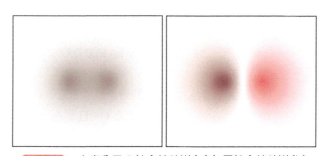

図 4.15 水素分子の結合性軌道（a）と反結合性軌道（b）

核と核の反発を和らげ，「糊」となって核どうしを引き寄せる．そんな電子の状態を，**結合性軌道**という．

かたや，電子が核の外側に分布すれば，核どうしの反発をむしろ強める．そうした電子の状態を，**反結合性軌道**とよぶ．

分子軌道のエネルギー

2個の水素原子が（核間）距離 R だけ離れているとき，結合性軌道と反結合性軌道のエネルギーがそれぞれどんな値になるかは，計算でつかめる．計算の結果を図 4.16 に描いた．次に，原子どうしが近づいていくときのエネルギー変化を考えよう．

まず反結合性軌道だと，R が十分に大きければ（図 4.16 の右側），電子は何の働きもしない（原子 2 個がバラバラの状況）．R が小さくなるにつれてエネルギーはどんどん上がり，不安定化の度合いが強まっていく．

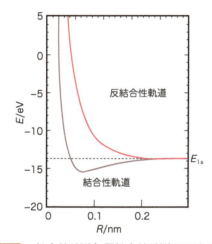

図 4.16 結合性軌道と反結合性軌道のエネルギー

結合性軌道なら，R が減るにつれてエネルギーは下がり（安定化 = 結合生成に向かい），$R = 0.074$ nm で極小値をとる．つまり核間距離 = 0.074 nm の安定な水素分子ができる．そこからさらに近づけば，電子（負電荷）どうしの反発がエネルギーを上げ，不安定化させることになる．

エネルギー図

図 4.16 の「途中」には目をつぶり，水素原子 2 個が完全に離れた状態と，結合をつくった状態だけに注目しよう．二つの状態は，図 4.17 のような**エネルギー図**に描ける．

完全に離れた状態の水素原子 2 個の中の電子は，原子軌道のうちで最安定の 1s 軌道を占める．原子が近づくと，原子軌道は重なりあい，分子軌道になっていく．図 4.16 はエネルギー極小点での分子生成を表すが，原子軌道 2 個

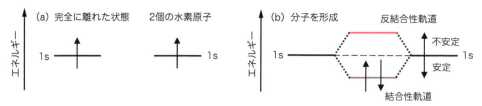

図4.17 水素原子と水素分子のエネルギー図

*8 一般に，n 個の原子軌道は n 個の分子軌道をつくる．低エネルギー側の分子軌道を電子が順に2個ずつ占めていけば，高エネルギー側にある $\frac{n}{2}$ 個の軌道は「空き」のまま残る．

から分子軌道2個ができるところに注目しよう[*8]．

完全に離れたとき1s軌道に入っていた電子は，分子の生成に伴い2個ともエネルギーの低い（安定な）結合性軌道に入る．こうして全体のエネルギーが下がり，安定な分子ができることになる．電子2個は「同じ軌道」に入るから，パウリの排他律に従い，それぞれ逆向きのスピンをもつ．そうなった電子2個が，オクテット則の箇所で説明した「共有電子対」にほかならない．

ヘリウム分子？

酸素分子や窒素分子はよく耳にしても，ヘリウム分子のことは聞かない．貴ガスのヘリウム原子は，なぜ分子にならないのだろう？

1s軌道に電子を2個もつヘリウム原子どうしが近づけば，水素原子と同じように，安定な結合性軌道と不安定な反結合性軌道ができる．ヘリウム原子2個がもっていた計4個の電子は，それぞれスピン対になって結合性軌道と反結合性軌道に収まるだろう．

結合性軌道に入った電子は安定化するけれど，反結合性軌道に入った電子は不安定化する．一般に，結合性軌道の安定化エネルギーと反結合性軌道の不安定化エネルギーはほぼ等しく，正味の安定化は起こらないから，ヘリウム分子はできないことになる．

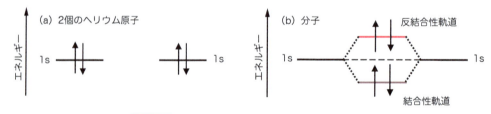

図4.18 2個のヘリウム原子の間の相互作用

【例題4.3】 2個のリチウム原子から Li_2 分子ができるだろうか．

【答】 電子配置が「Li：$1s^2\,2s^1$」のLi原子が2個近づくと分子軌道はできる．1s電子の安定化エネルギーは（He_2 と同様）ゼロだけれど，2s軌道からできる結合性軌道が2個の電子を収容して安定化するため，Li_2 分子はできる．ただし実際は，さらに多くのLi原子と結合して塊になってしまう．

4.6 酸素分子

水素の場合と同様，酸素原子の 2s 軌道からは結合性軌道 1 個と反結合性軌道 1 個ができ，2p 軌道からは結合性軌道 3 個と反結合性軌道 3 個ができる．そこに計 12 個の電子を入れよう．エネルギーの低い軌道から順に入れると，図 4.19 のようになる．

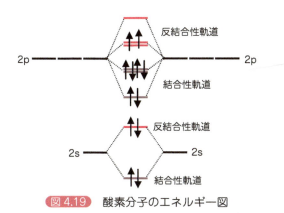

図 4.19 酸素分子のエネルギー図

素材が 2s 軌道の場合，結合性軌道には 2 個，反結合性軌道には 2 個の電子が入る（正味の安定化エネルギーはゼロ）．

また，素材が 2p 軌道の結合性軌道には 6 個，反結合性軌道には 2 個の電子が入る．前者（6 個）の安定化分が後者（2 個）の不安定化分よりずっと大きいため，差し引き 4 個の電子が O_2 分子の結合をつくる．

酸素の分子軌道を図 4.20 に描いた（p.64）．網かけの部分が，分子軌道の形を大まかに表している．

結合次数

結合性軌道にある電子の数から反結合性軌道にある電子の数を引き，その結果を 2 で割った値を**結合次数**という．

$$結合次数 = \frac{(結合性軌道にある電子の数) - (反結合性軌道にある電子の数)}{2} \quad (4.1)$$

結合次数は結合の強さを表すと考えてよい．単結合の結合次数は 1（水素分子など），二重結合の結合次数は 2 となる（酸素分子など）．また，先ほどみた He_2 の結合次数は 0 となる．

酸素分子と酸素イオンにつき，結合次数と結合距離を表 4.1 にまとめた．結合次数は，電子配置と式 (4.1) から計算できる．表 4.1 によると，結合次数が大きいほど結合距離は短い．一般に，結合次数が上がると結合エネルギーは増し，結合距離は短くなる．

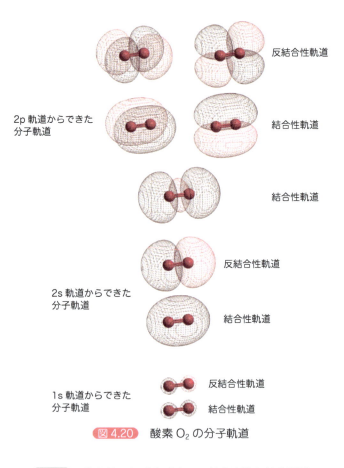

図 4.20 酸素 O_2 の分子軌道

表 4.1 酸素分子と酸素イオンの結合次数と結合距離

	結合次数	結合距離(nm)
O_2^+	$2\frac{1}{2}$	0.112
O_2	2	0.121
O_2^-	$1\frac{1}{2}$	0.133
O_2^{2-}	1	0.149

4.7 異核二原子分子

二原子分子は，同じ原子が結合した**等核二原子分子**と，異種元素の原子が結合した**異核二原子分子**に分類する．等核二原子分子（O_2 や N_2）は極性をもたないが，異核二原子分子（CO や NO）は極性をもつ．分子の極性は 5 章でも扱うけれど，とりあえず，電子のふるまいをもとに分子の極性を考えておこう．

共有結合した原子が電子を引きつける力の目安を，電気陰性度という．貴ガスを除く典型元素の電気陰性度は，周期表の右上（フッ素）に向かって大きくなる．異種元素の共有結合では，電気陰性度が大きいほうの原子に共有電

子対がかたより，電気陰性度の差が大きいほど電荷のかたよりが大きい．

フッ化水素分子 HF は計 10 個の電子をもっている．H 原子と F 原子の軌道エネルギーを図 4.21 に示す．原子番号 9 のフッ素は陽子を 9 個もち，電子を強く引きつける．そのため 1s 軌道のエネルギーが −718 eV にもなるため，1s 軌道は核に「へばりついて」いる．かたや 2p 軌道は −19.9 eV と浅いので，電子は核から遠くへと広がっている．

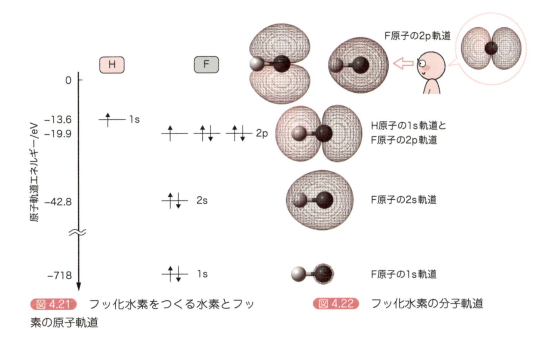

図 4.21　フッ化水素をつくる水素とフッ素の原子軌道

図 4.22　フッ化水素の分子軌道

フッ化水素 HF の分子軌道を図 4.22 に描いた．低エネルギー側（下）から二つ目までは，F 原子の 1s 軌道，2s 軌道と変わりない．四つ目も F 原子の 2p 軌道と同じだから，以上の軌道にある電子 8 個は，F 原子のそばだけにある．残る 2 個が，H 原子の 1s 軌道と F 原子の 2p 軌道からできた結合性軌道に入る．

一般に結合性軌道は，素材になった原子軌道のうち，低エネルギー側の軌道と性質が近い．F 原子の 2p 軌道エネルギーは，H 原子の 1s 軌道エネルギーより低いため（図 4.21），結合性軌道の性質は F 原子の原子軌道に近いだろう．つまり結合性軌道を占める 2 個の電子は，F 原子のそばに存在する．

核の電荷は F 原子が +9，H 原子が +1 だった．F 原子の核を 8 個の電子が「覆い隠す」ため，F 原子核の「有効電荷」は，H 原子と同じ +1 になる．また，結合性軌道に入った 2 個の電子は F 原子のそばにあるから，最終的に F 原子側が負電荷を，H 原子側が正電荷を帯びる．

こうして，HF 分子が極性をもち，F 原子が負電荷を帯びるのは，水素の 1s 軌道よりフッ素の 2p 軌道のほうが低エネルギーにあるためだとわかる．このように，原子軌道エネルギーの大小は，電気陰性度の大小と一致する．

1. 一酸化二窒素（亜酸化窒素）N_2O のルイス構造を描け．
2. フッ素分子 F_2 の分子軌道は，酸素分子 O_2 と同様に考えてよい．フッ素分子の結合次数を計算せよ．
3. 五フッ化ヨウ素分子 IF_5 の構造を，電子対反発モデルで予測せよ．なお IF_5 は 5 本の単結合からでき，F 原子はオクテット則を満たすが，I 原子はオクテット則を満たさない．

5章 分子間力

- 分子どうしはなぜ引きあうのか？
- 電気陰性度とは何か？
- 双極子モーメントとは何か？
- 分子間力は，状態変化の温度にどう影響するのか？
- 実在気体のふるまいは，分子間力とどう関連するのか？

5.1 分子どうしに働く力

核（原子核）と電子の引きあいが原子を生み，原子のつながりあいが分子を生むものだった．分子どうしが引きあって集まると，液体や固体（まとめて凝縮相）ができる．5章では，分子間に働く力を調べ，それをもとに分子の集合状態を考えよう．

まず，水素や二酸化炭素，メタン，アンモニアのような分子に注目する．こうした分子は，陽子の総数と電子の総数が等しいため，正味の電荷をもたず電気的に中性だが，分子間に働く力は，クーロン力（静電力）に由来する．一見したところ，中性分子どうしはクーロン力で引きあいそうもないけれど，現実には，分子の極性や，水分子の特殊性などが効いて引きあう．また，分子の極性・非極性に関係しない引きあいもある．

電気陰性度と極性

前章でも述べた酸素分子 O_2 など「等核二原子分子」内の電子は，時間平均すると，どちらの原子にもかたよっていない．かたや一酸化炭素分子 CO などの「異核二原子分子」なら，分子内の電子分布にかたよりがある．そうした分子は「**極性をもつ**」という．

電子分布のかたよりは，原子が電子を引きつける傾向の差から生じる．原子が電子を引きつける能力の目安を**電気陰性度**という（4章）．電気陰性度は単位のない数で表し，値が大きい元素の原子ほど電子を引きつけやすい．

R・マリケン
(1896 〜 1986)

分子の極性を考察したマリケンは，二原子分子が次式(5.1)のように「極端な構造」をとると考えた．

$$AB \longleftrightarrow A^+B^- \longleftrightarrow A^-B^+ \tag{5.1}$$

分子 AB が A^+B^- の構造となるには，原子 A から電子 1 個を奪い，原子 B に与えればよい．それに要するエネルギーは，原子 A のイオン化エネルギー I_A から，原子 B が電子をもらったときの安定化エネルギー（電子親和力）を引いた $I_A - E_B$ に等しい．

I_A はいつも正値になる．E_B は，原子が安定化するなら正値，不安定化するなら負値をとる．つまり $I_A - E_B$ は，構造 A^+B^- をつくるための「投入エネルギー」を表す．

同様に，「AB → A^-B^+」に要するエネルギーは，原子 B のイオン化エネルギー I_B と原子 A の電子親和力 E_A を使って $I_B - E_A$ と書ける．

フッ化リチウム LiF をイオン対にするのに必要なエネルギーを表 5.1 にしたがって考えてみる．Li^+F^- をつくるためには 2.0 eV 必要で，Li^-F^+ をつくるためには，16.6 eV も必要になる（図 5.1）．

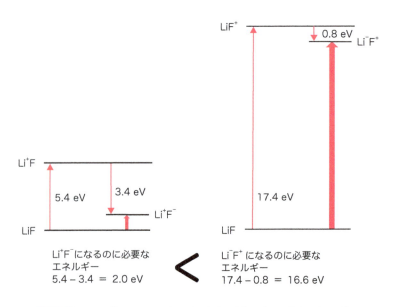

図 5.1　フッ化リチウム LiF をイオン対にする所要エネルギー

5.1 ● 分子どうしに働く力　69

表 5.1　電子親和力，イオン化エネルギーと電気陰性度

元素	H	Li	B	C	N	O	F
E	0.8	0.8	0.3	1.3	−0.2	1.5	3.4
I	13.6	5.4	8.3	11.3	14.5	13.6	17.4
電気陰性度	7.2	3.1	4.3	6.3	7.3	7.6	10.4

備考：E と I には，eV 単位のエネルギーから「eV を外した数値」を使う．

どちらのイオン構造がより安定かは，式(5.2)の差 χ_{AB} からわかる．

$$\chi_{AB} = (A^+B^- をつくるエネルギー) - (A^-B^+ をつくるエネルギー)$$
$$= (I_A - E_B) - (I_B - E_A) \tag{5.2}$$

$\chi_{AB} > 0$ なら所要エネルギーは「AB → A$^+$B$^-$」のほうが大きいため，安定性は A$^-$B$^+$ のほうが高い．$\chi_{AB} < 0$ だと逆が成り立ち，安定性は A$^+$B$^-$ のほうが高い．

式(5.2)を次のように変形しよう．

$$\chi_{AB} = (E_A + I_A) - (E_B + I_B) \tag{5.3}$$

すると式(5.4)および式(5.5)が成り立つ．

$$E_A + I_A > E_B + I_B \quad なら \quad A^-B^+ のほうが安定 \tag{5.4}$$
$$E_A + I_A < E_B + I_B \quad なら \quad A^+B^- のほうが安定 \tag{5.5}$$

つまり，原子の電子親和力とイオン化エネルギーの和 $(E + I)$ に注目すれば，$E + I$ が大きいほうの原子は，分子内で負電荷を帯びやすいことになる．

そこでマリケンは，$(E + I)/2$ を元素の電気陰性度とみた[*1]．貴ガスを除く典型元素の電気陰性度を周期表上で比べると，右上のフッ素に向けて大きくなる（表 5.1）．

*1　マリケンより 2 年前 (1932 年) にポーリングがはじめて提案した電気陰性度は，最大値（フッ素）を約 4.0 としている（水素は 2.2）．

【**例題 5.1**】　塩素の電気陰性度を，電子親和力 3.6 とイオン化エネルギー 13.0 から求めよ．

【**答**】　電気陰性度は $\dfrac{3.6 + 13.0}{2} = 8.3$ となる．

二原子分子の極性

異核二原子分子内の電子は，電気陰性度が大きいほうの原子にかたよる．電気陰性度の差が大きいほど，電荷のかたよりは大きい．たとえばフッ化リチウム LiF だと，電気陰性度のちがい（Li < F）により，電子は F 原子のほうへ強く引かれる（F 原子が少し負電荷を，Li 原子が少し正電荷を帯びる）．こうした現象を分極といい，全体に電荷のかたよりをもつ分子を**極性分子**とよぶ．一方，水素分子 H_2 のような等核二原子分子は，極性がないので**無極性分子**や**非極性分子**とよぶ．

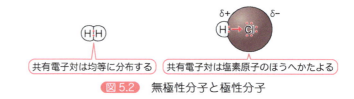

図5.2　無極性分子と極性分子

極性分子どうしは，正に帯電した部分と負に帯電した部分で引きあえる．そのため，極性分子間には強めの引力が働く．

双極子モーメント

分子が分極している度合は，**双極子モーメント**という量で表せる．距離 l を隔てた正電荷 $+q$ と負電荷 $-q$ は，式(5.6)の双極子モーメント μ をもつ．

$$\mu = ql \tag{5.6}$$

双極子モーメント μ はベクトル量で，「負電荷 → 正電荷」をベクトルの向きとする[*2]．

双極子モーメントの単位は，電荷と距離の積だから C m（クーロン・メートル）となるが，デバイ（D）という単位を使えば，簡単な数値になってわかりやすい．1 D は 3.336×10^{-30} C m に等しい[*3]．

[*2] μ の向きを「正電荷 → 負電荷」とする流儀もある（本シリーズ『有機化学』はそちらを使用した）．

[*3] q が電気素量（1.60×10^{-19} C），l がボーア半径（5.29×10^{-10} m）のとき，$\mu = 25.4$ D となる．

表5.2　分子の双極子モーメント

分子	μ/D
HF	1.826
HCl	1.109
HBr	0.828
HI	0.448
CO_2	0.0
H_2O	1.94
H_2S	1.02
SO_2	1.63
NH_3	1.468
CH_4	0.0
CCl_4	0.0
CH_3Cl	1.86
CH_3OH	1.69
C_6H_6	0.0
$C_6H_5CH_3$	0.375
C_6H_5Cl	1.782
o-$C_6H_4Cl_2$	2.14
m-$C_6H_4Cl_2$	1.54
p-$C_6H_4Cl_2$	0.0

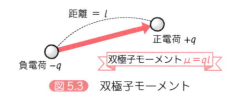

図5.3　双極子モーメント

双極子モーメントと結合距離から，分極が生む「電荷のかたより」を見積もれる．たとえば，一酸化炭素 CO の双極子モーメントは 0.10 D と実測されている．C−O 結合距離の実測値（0.11 nm）と組みあわせ，電荷 q は次の値をもつとわかる．

$$q = \frac{3.336 \times 10^{-31} \text{C m}}{0.11 \times 10^{-9} \text{m}} = 3.03 \times 10^{-21} \text{C} \tag{5.7}$$

電気素量（1.602×10^{-19} C）で割る計算〔次式(5.8)〕から，かたよりの度合いはわずか 2% だといえる．

$$\frac{3.03 \times 10^{-21} \text{C}}{1.60 \times 10^{-19} \text{C}} = 0.019 \tag{5.8}$$

いくつかの分子につき，双極子モーメント μ を表5.2にまとめた．

結合の極性，分子の極性

二酸化炭素分子のなかでは，OCO が直線上に並んでいる．ある CO 結合を見れば，電気陰性度が C＜O だから C は正電荷，O は負電荷を帯び，C → O という向きの双極子モーメントをもつ．もうひとつの CO 結合は，ぴったり逆向きの双極子モーメントをもっている．

結合は 2 本とも極性だけれど，双極子モーメントのベクトル和がちょうど打ち消しあうため，分子全体の双極子モーメントは 0 となる（つまり二酸化炭素は無極性分子）．このように，多原子分子の極性は分子構造で決まる（表 5.3）．

表 5.3　結合の極性と分子の双極子モーメント

無極性分子	水素 H_2	塩素 Cl_2	二酸化炭素 CO_2【直線形】	メタン CH_4【正四面体形】
極性分子	水 H_2O【折れ線形】	塩化水素 HCl【直線形】	アンモニア NH_3【三角すい形】	

結合の極性を → で示した．矢印の方向に共有電子対が偏っている．

【例題 5.2】　次のうち，極性分子はどれか．
(1) 一酸化窒素 NO　　(2) 一酸化二窒素 N_2O　　(3) オゾン O_3
(4) ベンゼン C_6H_6

【答】　NO のような異核二原子分子は必ず極性．N_2O は直線分子だが，原子の並びが NNO なので極性．O_3 は折れ線構造なので極性．C_6H_6 は対称性のため極性がない．以上より，極性分子は(1)，(2)，(3)．

分 散 力

水素 H_2 やメタン CH_4 のような無極性分子は，見かけ上，正や負に帯電した部分がない．ただし，時間を止めて眺めたとすれば，電子の「濃い」部分と「薄い」部分があるだろう．そうした電荷分布が，そばにある分子内の電子分布に影響する結果，弱いながらも「極性分子どうし」に似た引きあいが生まれる．

こうして生じる分子間の引力を**分散力**という．分散力は，どんな分子のあいだにも働く．

水素結合

窒素 N や酸素 O，フッ素 F など電気陰性度の大きい原子に水素 H が結合

した分子の場合，そのHを橋渡しとして，他分子のN・O・F原子との結合がつくれる．それを**水素結合**という．水素結合できるフッ化水素HFは，結晶内で図5.4のような鎖状構造をもつとわかっている．

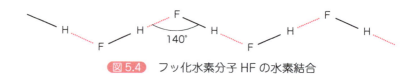

図5.4 フッ化水素分子HFの水素結合

J・ファンデルワールス
（1837〜1923）

分子間力

極性分子間の引力や，無極性分子間の分散力をまとめて**ファンデルワールス力**という．また，ファンデルワールス力や水素結合など，分子間に働く力を**分子間力**と総称する．

5.2 分子間力と状態変化

窒素や酸素，アルゴン，二酸化炭素など空気の成分は，常温常圧で気体だが，水やエタノールは液体，鉄や塩化ナトリウムは固体の状態にある．このように物質は，温度と圧力を決めると，気体，液体，固体（三態）のどれかになる．

圧力が一定なら，物質の状態は温度で変わる．たとえば 1.013×10^5 Pa（1 atm）のとき，水は0℃以下で固体，100℃以上で気体になる．また，鉄は1808 Kで液化し，3023 Kで気化する．

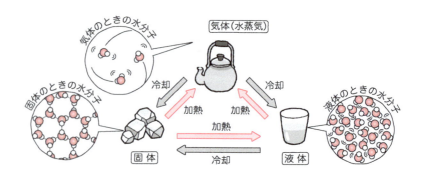

多くの物質は，温度と圧力が一定値を超すと，気体，液体，固体のどれでもない状態（超臨界状態）になる[*4]．

分子どうしは分子間力で集合したい．かたや分子は，熱運動を通じてバラバラになろうとする．物質の状態は両者の兼ね合いで決まり，分子間力が熱運動よりずっと強ければ固体になる．固体中の分子は，固定点でわずかに振

[*4] 二酸化炭素は(31℃, 73 atm)以上，水は(374℃, 218 atm)以上で超臨界状態を示す．

動していると考えればよい．

　温度を上げると，熱運動の激しさが増していく．熱運動の勢いが分子間力にまさる温度に届けば，固体は液体に変わる．液体をつくる分子は，引きあいながらも，かなり自由に動ける．そのため液体は，容器に合わせて形を自由に変える．一般に液体中の分子間距離は，固体中の値より少し大きい[*5]．

*5 水素結合を通じてすき間の多い固体(氷)になる水は例外．

　温度がさらに上がり，熱運動が分子間力よりずっと大きくなれば，液体は気体に変わる．気体中の分子どうしは遠く離れているので，分子間力はごくわずかしか働かない．つまり気体中の分子は，ほぼ自由に飛び回っている．

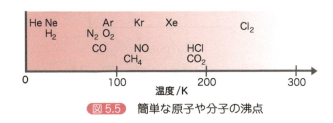

図5.5　簡単な原子や分子の沸点

　原子(単原子分子)や分子の沸点を比べよう(図5.5)．貴ガスの沸点がおおむね低いのは，分子間力の弱さを反映する(低温でも原子どうしの引きあいを逃れて飛び出せる)．

　ただし，原子量の大きい貴ガスは，原子1個のもつ電子が多く，電子雲の空間的な広がりも大きい．それが分散力を強める結果，たとえばキセノン(電子54個)の沸点165 Kは，極性分子CO(電子14個)の沸点81 Kよりだいぶ高い．

　一般に，原子番号の大きい原子や，大きな空間を占める分子ほど分散力が強く，沸点が高くなる．

5.3　分子の運動

　気体は，衝突をくり返しながらほぼ自由に真空中を飛び交う分子の集団だと考えよう．衝突のたびに分子は速さと向きを変える[*6]．分子の「飛び交う」運動を並進運動という．

*6 衝突は「ときどき起こる」イメージではない．たとえば常温常圧の空気中で，ある1個の窒素分子 N_2 は，まわりの N_2 や O_2 と毎秒60億回ほど衝突している．

　分子の並進運動は，温度が高いほど速い．ただし，分子それぞれの速さがそろっているわけではなく，速さには分布(広がり)がある．そのありさまは，マクスウェル・ボルツマン分布(図5.6)で表せる．温度が高くなるほど，速い分子の割合が増す．

　温度 T，分子の質量 $m(=$ 分子量／アボガドロ数$)$，分子の速さ v を使い，**マクスウェル・ボルツマン分布**は式(5.9)のように書ける[*7]．

*7 分子の質量 m が kg 単位なら次式が成り立つ．
$$m = \frac{\text{分子量} \times 10^{-3}}{\text{アボガドロ数}}$$

$$P(v) = 4\pi \left(\frac{m}{2\pi kT}\right)^{\frac{3}{2}} v^2 \exp\left(-\frac{\frac{1}{2}mv^2}{kT}\right) \tag{5.9}$$

J・マクスウェル
（1831～1879）

L・ボルツマン
（1844～1906）

C・アボガドロ
（1776～1856）

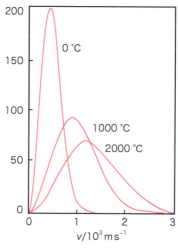

図5.6　マクスウェル・ボルツマン分布

k は**ボルツマン定数**（1.38×10^{-23} J K^{-1}）で，k にアボガドロ定数 N_A（6.02×10^{23} mol^{-1}）をかけたものが気体定数 R（8.31 J K^{-1} mol^{-1}）になる．

$$k \times N_\mathrm{A} = R \tag{5.10}$$

式(5.9)から分子の平均速さ $\overline{v}$ が計算でき，結果は次のようになる．

$$\overline{v} = \sqrt{\frac{8kT}{\pi m}} \tag{5.11}$$

分子の平均速さは絶対温度の平方根に比例し，絶対0度（0 K）で0になるとみてよい（図5.7）．

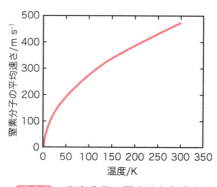

図5.7　窒素分子の平均速さと温度

また，気体分子の運動エネルギーの平均値は式(5.12)のように書ける．

$$\frac{1}{2}m\overline{v^2} = \frac{3}{2}kT \tag{5.12}$$

分子は x 方向のほか y 方向と z 方向にも動く．運動する方向の数を自由度

という.並進には三つの自由度 (x, y, z) がある.式 (5.12) は,「並進の自由度ひとつあたりに $\frac{1}{2}kT$ のエネルギーが分配される」ことを意味する.

式 (5.11) や式 (5.12) の上つきバーは平均を表す.v を速度(ベクトル量)とみたとき,平均値 $\overline{v}$ は 0 だから $\overline{v}$ の 2 乗も 0 になるが,平均値 $\overline{v^2}$ は 0 でないことに注意しよう.

「平均値の 2 乗」と「2 乗の平均値」のちがいを,やさしい例で見ておこう.何かのポイント P と,ポイントごとの人数が表 5.4 のようだとする.P の平均値は 304 / 38 = 8 なので,その 2 乗は 64 となる.かたや P^2 の平均値は 2496 / 38 ≈ 66 となるため,両者には明確な差がある.

表 5.4 あるポイントの平均の 2 乗と 2 乗したものの平均とのちがい

ポイント P	P の 2 乗	人数	P の和	P^2 の和
10	100	6	60	600
9	81	8	72	648
8	64	10	80	640
7	49	8	56	392
6	36	6	36	216
合計		38	304	2496

5.4 気体の圧力

飛び交ううちに容器の壁に衝突した気体分子は,壁を外向きに押す.分子 1 個 1 個の力は小さくても,おびただしい分子が壁を押す力はまとまった大きさになり,それが**気体の圧力**を生む.分子が速いほど,また一定時間に壁と衝突する分子が多いほど,気体の圧力は大きい.そうした状況を,古典力学で解剖しよう.

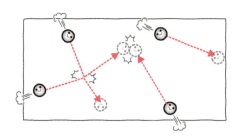

分子は一定体積の容器に入っていて,壁にぶつかれば跳ね返される.壁に垂直な方向を x とする.衝突のときに壁と授受する運動量は,垂直方向の力だけに関係する.分子の質量が m,速度の x 成分が v_x のとき,衝突 1 回ごとに分子は壁を $2mv_x$ だけ押す.

容器の長さが l なら,衝突のあと反対側の壁にぶつかってまた戻ってくるには $2l/v_x$ の時間がかかる.その逆数 $v_x/(2l)$ が,一定時間内の衝突回数を表

す．すると，分子が一定時間内に壁を押す力は $2\,mv_x \times v_x/(2l) = mv_x^2/l$ と書ける．圧力は「力を面積で割った量」だから，壁の面積が S なら $mv_x^2/(Sl)$ となる．

いままでは 1 個の分子に注目した．容器内に N 個の分子がある場合，容器の体積 V も使うと，圧力 P は式(5.13)のように書ける．

$$
\begin{aligned}
P &= \frac{mv_{1_x}^2 + mv_{2_x}^2 + mv_{3_x}^2 + \cdots + mv_{N_x}^2}{Sl} \\
&= \frac{m(v_{1_x}^2 + v_{2_x}^2 + v_{3_x}^2 + \cdots + v_{N_x}^2)}{V}
\end{aligned}
\tag{5.13}
$$

上式の（ ）内は，2 乗平均速度（の x 成分）の N 倍に等しいので，式(5.14)関係が成り立つ．

$$
v_{1_x}^2 + v_{2_x}^2 + v_{3_x}^2 + \cdots + v_{N_x}^2 = N\overline{v_x^2}
\tag{5.14}
$$

x 成分，y 成分，z 成分は等価だから，式(5.15)のように書いてよい．

$$
N\overline{v_x^2} = \frac{1}{3}N\overline{v^2}
\tag{5.15}
$$

以上より，圧力 P は式(5.16)のように表せる．

$$
P = \frac{1}{3}\frac{Nm\overline{v^2}}{V}
\tag{5.16}
$$

分子が多いほど，また分子の速度 v が大きいほど，気体の圧力は高いとわかる．気体が 1 mol なら，式(5.10)と式(5.12)より，次の関係式(5.17)が得られる．

$$
PV = \frac{1}{3}Nm\overline{v^2} = NkT = RT
\tag{5.17}
$$

式(5.17)は，理想気体の状態方程式にほかならない．

圧力の単位には**パスカル**(Pa)を使う．1 m^2 あたり 1 N（ニュートン）の力が働くとき，圧力は 1 Pa になる（1 Pa = 1 N m^{-2}）．まだ常用する単位 atm は，1 atm ≒ 1.013×10^5 Pa (1013 hPa) の関係にある．その端数を嫌って物理化学では，1 bar = 1×10^5 Pa を標準圧力に使うことも多い．圧力の単位と表記を表 5.5 にまとめておく．

表5.5 圧力の単位と表記

1 気圧	1 バール
1 気圧 = 1 atm	1 bar
1.013×10^5 Pa = 0.1013 MPa	1×10^5 Pa = 0.1 MPa
760 Torr	~ 750 Torr

5.5 ● 理想気体と実在気体　77

【例題 5.3】 体積 1 m³，圧力 10^{-5} Pa の容器内が含む分子は何個か．温度は 300 K とする．

【答】 状態方程式から出てくる $n = \dfrac{PV}{RT} = 10^{-5} \times \dfrac{1}{8.31 \times 300} = 4.0 \times 10^{-9}$ mol にアボガドロ定数 6.02×10^{23} mol^{-1} をかけ，2.4×10^{15} 個となる．10^{-5} Pa は，地上からの高度 250 km 付近の空間が示す「超高真空」の領域だが，体積 1 m³ には 2.4×10^{15} 個もの分子がいる．

5.5 理想気体と実在気体

　温度と圧力が同じ異種の気体を混ぜたとき，混合の前後で体積の和は変わらない．ただしそうなるのは，圧力が十分に低く，分子どうしに力が働かない理想気体にかぎる．無極性で分散力の弱い分子は理想気体に近い（いちばんの好例が低圧のヘリウム）．

　成分 1，2，3，…がそれぞれ n_1，n_2，n_3，… mol の混合気体で，成分 i が占める分子数の割合 x_i（i のモル分率）は式 (5.18) のように書ける．

$$x_i = \frac{n_i}{n_1 + n_2 + n_3 + \cdots} \tag{5.18}$$

　モル分率の総和は 1 になる．混合気体の圧力（全圧）が P なら，各成分が示す圧力（分圧）p_i は次の式 (5.19) のように表せる．

$$p_i = x_i P \tag{5.19}$$

　分圧の総和は全圧 P に等しい．

実在気体の状態方程式

　理想気体は，分子に大きさがなく，分子間に引力が働かない仮想の気体をいう．一方，現実の気体を**実在気体**という．現実の分子は大きさをもち，無極性でも分散力が働く．分子の大きさと分子間の引力を考え，理想気体の状態方程式を補正すると，実在気体を表す状態方程式になる．

　分子が自由に動ける空間は，分子自体がもつ体積（排除体積）分だけ少ない．実在気体 1 mol の排除体積が b，気体の量が n (mol) なら，気体が飛び回れる空間の体積は，理想気体では $V_{理想}$ だったものが $V - nb$ に変わる．この段階で状態方程式は次の式 (5.20) のようになる．

$$P = \frac{nRT}{V - nb} \tag{5.20}$$

　次に分子間力の効果を考えよう．壁にぶつかるときの分子は，ほかの分子に引かれている分だけ，壁に及ぼす衝撃が少ないだろう．そのために圧力が減る．圧力を減らす効果には，次の二つが考えられる．

① 分子が他分子に引き寄せられる力
② 分子が壁にぶつかる頻度

①も②も分子の数密度 n/V に比例するから，分子間力による圧力低下分は $(n/V)^2$ に比例し，比例定数を a として $a(n/V)^2$ と書ける．つまり実在気体の圧力が P なら，理想気体の圧力 $P_{理想}$ は $P + a(n/V)^2$ に等しい．

以上をまとめ，理想気体の状態方程式 $P_{理想} = nRT/V_{理想}$ に $V_{理想} = V - nb$ と $P_{理想} = P + a(n/V)^2$ を代入して整理すれば，実在気体の状態方程式(5.21)が得られる．

$$P = \frac{nRT}{V - nb} - a\left(\frac{n}{V}\right)^2 \tag{5.21}$$

式(5.21)をファンデルワールスの状態方程式，定数 a と b を**ファンデルワールス定数**という．

$a = b = 0$（分子間の引力 0，分子サイズ 0）と置けば，むろん理想気体の状態方程式(5.22)に一致する．

$$P = \frac{nRT}{V} \tag{5.22}$$

ファンデルワールス定数の例を表 5.6 にあげた．凝集しやすくて沸点や融点が高めの分子ほど a 値が大きく，サイズの大きい分子ほど b 値が大きい．

表 5.6 ファンデルワールス定数の例

気体分子	a(bar dm^6 mol^{-2})	b(dm^3 mol^{-1})
He	0.0346	0.0238
Ne	0.208	0.0167
Ar	1.35	0.0323
H$_2$	0.2452	0.0265
N$_2$	1.370	0.0387
O$_2$	1.382	0.0319
CO	1.472	0.0395
CO$_2$	3.658	0.0429
H$_2$O	5.537	0.0305

1. フッ化水素 HF の双極子モーメントは 1.82 D，H–F の結合距離は 0.092 nm と実測されている．電子は H → F の向きにいくら移動しているといえるか．
2. マクスウェル・ボルツマン分布の曲線が極大値をとる速度（最大確率速度）を計算せよ．
3. ファンデルワールスの状態方程式を使い，二酸化炭素 1.0000 mol が 273.15 K で体積 0.022414 m^3 を占めるときの圧力を求めよ．

6章 熱力学① 第一法則

- 化学反応で出入りする熱は，どこからくるのか？
- 発熱反応と吸熱反応は，どこがどうちがうのか？
- 化学反応で出る気体は，何をするのか？
- エンタルピー，標準生成エンタルピーとは何か？
- 物質の熱容量とは何か？

6.1 分子と分子集団

　いままでは，核まわりの電子配置や，原子どうしのつながり，分子どうしの引きあいなどを眺めた．ミクロ世界の原子や分子がとる状態も，起こす変化も，「エネルギーが低く，居心地のよい安定な状態になろうとする」性質の表れだといえる．私たちも，広い部屋に通されて「リラックスしなさい」といわれたら，いちばん居心地のよい姿勢をとるだろう．

　反対に，狭い部屋に大勢が詰めこまれたとき，全員がリラックスしようとすれば，居心地はかえって悪くなることもある．個人の気持ちはともかくとして，「全員の居心地がよい状態」は，かなり整然と並んだときかもしれない．

　同様に物質の世界でも，「原子や分子1個の居心地」と「粒子集団の居心地」は別物だろう．原子や分子1個1個は，エネルギーが低いほど居心地がよいのだった．ただしミクロ世界の現象は，ほとんどの場合，1個の粒子ではなく，おびただしい原子や分子の集団が引き起こす．

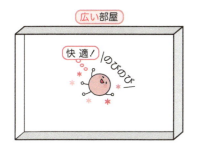

原子や分子の集団は，どのようなときに，もっとも居心地のよい（安定な）状態になるのだろうか？ それを本章と次の7章で考える．

結合解離エネルギーと反応熱

化学反応が進むとき，つまり分子が結合を組み替えるときのエネルギー変化を求めたい．水素と酸素から水ができる反応を考えよう．

$$2H_2 + O_2 \longrightarrow 2H_2O \tag{6.1}$$

反応(6.1)のエネルギー変化は，分子内で反応にからむ結合をすべて切るのに必要なエネルギーと，バラバラの粒子集団から水分子をつくるときに余る（放出される）エネルギーの差にあたる[*1]．

ある結合を切るのに必要なエネルギーを，**結合解離エネルギー**[*2] という．モルあたりでみた結合解離エネルギーは，水素分子 H_2 の H–H 結合が 432.0 kJ mol^{-1}，酸素分子 O_2 の O=O 結合が 493.6 kJ mol^{-1} だとわかっている．すると，水素分子 2 mol を H 原子 4 mol に分け，酸素分子 1 mol を O 原子 2 mol に分けるには，酸素分子 1 mol あたり 1358.6 kJ のエネルギー投入を要する〔次の式(6.2)の計算〕．

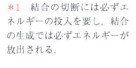

$$\begin{aligned}E_1 &= 2 \text{ mol} \times 432.0 \text{ kJ mol}^{-1} + 1 \text{ mol} \times 493.6 \text{ kJ mol}^{-1} \\ &= 1357.6 \text{ kJ}\end{aligned} \tag{6.2}$$

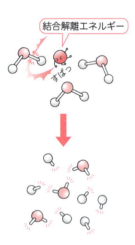

かたや，H 原子 2 mol と O 原子 1 mol が結合し，H_2O 分子 1 mol になるときのエネルギー変化はどうか．H–O–H を H と O–H にする結合解離エネルギー 493.7 kJ mol^{-1} と O–H を O と H にする結合解離エネルギー 423.8 kJ mol^{-1} の和を使うと，H_2O 1 mol あたりのエネルギー変化は -917.5 kJ（放出）となる．反応(6.1)では 2 mol の H_2O 分子ができるため，-917.5 kJ を 2 倍した $E_2 = -1835.0$ kJ がエネルギー変化を表す．

以上から，差し引きの放出エネルギーは $1835.0 - 1357.6 = 477.4$ kJ とな

[*1] 結合の切断には必ずエネルギーの投入を要し，結合の生成では必ずエネルギーが放出される．

[*2] 結合解離エネルギーは，絶対零度(0 K)の孤立分子がもつ結合の強さを意味する．

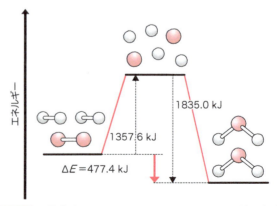

図 6.1 反応 $2H_2 + O_2 \longrightarrow 2H_2O$ のエネルギー収支
値は酸素分子 1 mol あたりの値．

る．すると H_2O 分子 1 mol あたりでは，その半分（238.7 kJ）のエネルギーが出るだろう．

実際に水素と酸素を反応させ，25 ℃，1×10^5 Pa という条件で発熱量（つまり放出エネルギー）を測ると，生じる水 1 mol あたり 285.8 kJ になる．238.7 kJ と 285.8 kJ の差は，「温度が 0 K でなく，分子は孤立していない」ことからくると思えばよい．

6.2 発熱反応と吸熱反応

ものの燃焼は熱の放出を伴う（発熱反応）．たとえば 1 mol のメタン CH_4 を燃やせば 891 kJ の熱が出て，CO_2 と液体の H_2O ができる．

$$CH_4(g)^{*3} + 2O_2(g) \longrightarrow CO_2(g) + 2H_2O(l) \quad (891\text{ kJ の発熱}) \quad (6.3)$$

*3 (g)は気体，(s)は固体，(l)は液体を意味する．

一方，赤熱した黒鉛に水蒸気を触れさせれば，CO と H_2 ができる．

$$C(s) + H_2O(g) \longrightarrow CO(g) + H_2(g) \quad (131\text{ kJ の吸熱}) \quad (6.4)$$

反応 (6.4) は，黒鉛 1 mol あたり 131 kJ の熱を吸収する吸熱反応だから，進ませるには加熱し続けなければならない．

反応が発熱になったり吸熱になったりする理由は，「物質それぞれが固有のエネルギーをもつ」とした考察から浮き彫りになる．反応が進むとき物質群のエネルギーが「高 → 低」のように変われば，余分なエネルギーは熱の形で放出される（**発熱反応**）．反対に，エネルギーが「低 → 高」と変われば，エネルギー（熱）の投入が必要になる（**吸熱反応**）．

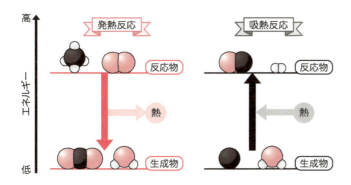

6.3 物質の熱エネルギー

反応で出入りする熱の見積もりは，産業にも暮らしにも役立つ．ただし反応は無数にあるため，反応ごとの値をそろえるのは無謀に近い．そこで，物質それぞれが「熱的なエネルギー」をもつと考え，それを組み合わせて反応熱を計算するやりかたが整えられた．

標準状態（1 bar = 1×10^5 Pa）で物質 1 mol がもつ「熱的なエネルギー」を

表6.1 化合物の標準生成エンタルピー $\Delta_f H°$ (kJ mol^{-1})

化 合 物	標準生成エンタルピー $\Delta_f H°$ (kJ mol^{-1})
H$_2$(g)	0
C(s, 黒鉛)	0
N$_2$(g)	0
O$_2$(g)	0
CO(g)	−110.53
CO$_2$(g)	−393.51
H$_2$O(g)	−241.82
H$_2$O(l)	−285.83
NH$_3$(g)	−46.11
NO(g)	90.25
NO$_2$(g)	33.18
メタン CH$_4$(g)	−74.81
エタン C$_2$H$_6$(g)	−84.68
アセチレン C$_2$H$_2$(g)	226.73
エタノール C$_2$H$_5$OH(l)	−277.7
ベンゼン C$_6$H$_6$(g)	49.0

標準生成エンタルピーといい，記号 $\Delta_f H°$ で表す（f は formation＝生成を表す）．$\Delta_f H°$ の素性はあとで説明することとし，結論を先取りする形で，使いかただけを紹介しておこう．簡単な物質いくつかの $\Delta_f H°$ を表 6.1 にまとめた．

物質ごとの $\Delta_f H°$ を使うと，たとえばメタンの燃焼〔式 (6.3)〕で出入りする熱は，次のように計算できる．まず，$\Delta_f H°$ に反応式中の係数をかけ，左辺（反応物）と右辺（生成物）の「総エンタルピー」を出す．

$$左辺 = (-74.8) + 2 \times 0 = -74.8 \text{ kJ} \tag{6.5}$$

$$右辺 = (-393.5) + 2 \times (-285.8) = -965.1 \text{ kJ} \tag{6.6}$$

つまり，係数 1 の物質が 1 mol だけ変化すると，物質群のエンタルピーが 890 kJ だけ減り，その「余剰熱」が外部に出てくる（図 6.2）．

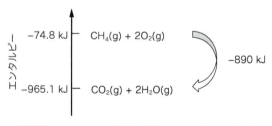

図 6.2 メタンの燃焼に伴うエンタルピー変化

このように便利な標準生成エンタルピー $\Delta_f H°$ の素性を次で，「そもそも」のところから眺めていこう．

> 【例題 6.1】 黒鉛の反応（次式）で出入りする熱を求めよ．
> $$C(s) + H_2O(g) \longrightarrow CO(g) + H_2(g)$$
> 【答】 $\Delta_f H°$ の総和を左辺と右辺で計算する．
> $$左辺 = 0 + (-242) = -242 \text{ kJ}$$
> $$右辺 = (-111) + 0 = -111 \text{ kJ}$$
> つまり，物質群のエンタルピーは 131 kJ だけ増す．エンタルピーの増加分は熱として外部から吸収するため，吸熱反応になる．

「エンタルピー」を使うわけ

本章では，当初「エネルギー」だった熱を「エンタルピー」とよぶようにした．なぜなのか？ これも「先取り」になるけれど，**エンタルピー**とは，「一定圧力のもとで変化が進むとき出入りする熱」をいう．たとえば化学反応は通常，大気に開放された容器内で起こる．

気体が発生する反応なら，発生した気体は 1 気圧の空気を押しながら出ていく．それに消費する分だけ，反応系のエネルギーは減る．逆に，気体の総量が減る反応なら，その分だけ反応系のエネルギーは増す．

反応で出入りする熱は，そうしたエネルギーの増減が補正された値になるだろう．そこで，圧力が一定の場合につき，補正後の発熱量や吸熱量を「エンタルピー」とよぶ．

反応が進むときの体積変化を，やさしい例で眺めよう．気体は理想気体とみなし，圧力は 1×10^5 Pa，温度は 25 °C とする．反応物は，液体のエタノール 1 mol と気体の酸素 3 mol としよう．エタノール 1 mol は約 59 mL，酸素 3 mol は約 71.8 L だから，反応前の総体積は，ほぼ酸素の体積に等しい（図 6.3）．

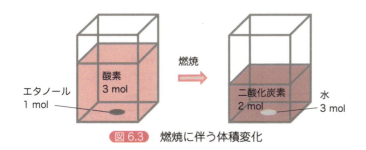

図 6.3　燃焼に伴う体積変化

点火すると，反応 $C_2H_5OH + 3O_2 \rightarrow 2CO_2 + 3H_2O$ が進んで熱が発生し，液体の水 3 mol と気体の二酸化炭素 2 mol ができる．水の体積は約 54 mL，二酸化炭素の体積は約 47.9 L だから，合計の体積は，ほぼ二酸化炭素の体積に等しい．

つまり，燃焼の前後で反応系の体積は 71.8 L から 47.9 L に変わる．すると反応系は，大気から「仕事をされた」ことになる．次では，「仕事」の中身を考えよう．

6.4 体積変化に伴う仕事

反応系は，上下に可動するフタ（質量 0）をつけた容器に入っているとしよう．反応系の気体がフタを上向きに押す圧力と，フタを下向きに押す大気圧がつりあっているため，フタは動かない．反応の結果として気体が減ればフタは下がり，内部にある気体の圧力はやはり大気圧に等しくなる．

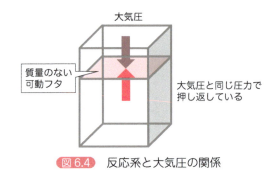

図 6.4 反応系と大気圧の関係

容器内の気体が膨張し，体積が増えたとしよう．フタは，外部の大気圧に逆らって上方に動き，外部に向けた**仕事**をする．フタにかかる力を F，フタの面積を A とすれば，圧力 P は式(6.7)のように書ける．

$$P = \frac{F}{A} \tag{6.7}$$

フタが Δh だけ動くときの仕事は，次の式(6.8)のように表せる．

$$W = F\Delta h = PA\Delta h = P\Delta V \tag{6.8}$$

つまり，「圧力 × 体積変化」が，反応系のする仕事に等しい．エタノールの燃焼では気体の総体積が減って $\Delta V < 0$ だから，反応系は外から「仕事をされる」ことになる．

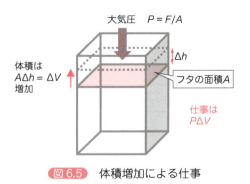

図 6.5 体積増加による仕事

6.5 内部エネルギーと熱力学第一法則

針を外した注射器の先端をふさぎ，ピストンを強く押しこむと，内部の気体の温度が上がる．ピストンを押しこむ操作が，内部の気体に仕事をしたか

らだ．反対に，ピストンを強く引き抜けば気体の温度が下がる（筒に触れるとひんやりする）．

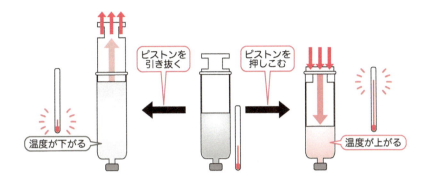

一方，気体の入った容器を外から熱すれば，気体が熱を受けとる結果，気体の温度は上がる．このように気体の温度は，気体に仕事をしても熱を与えても変わる．

系（反応系）が外から受けとる熱を Q, 仕事を W と書く[*4]．また，系がもっている総エネルギーを**内部エネルギー**[*5]とよび，記号 U で表す．もらった熱 Q と仕事 W は，系の内部エネルギーを次の式(6.9)の ΔU だけ変える．

$$\Delta U = Q + W \tag{6.9}$$

式(6.9)の意味を考えよう．系が外部との間で熱も仕事も授受しなければ（$Q = W = 0$），$\Delta U = 0$ だから系の内部エネルギーは変わらない．つまり系のエネルギーは保存される．その結論，つまり「熱と仕事の両方を考えたエネルギー保存則」[*6]を，**熱力学第一法則**という．

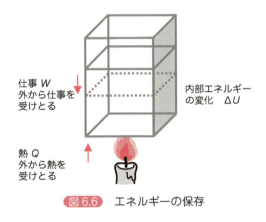

図6.6 エネルギーの保存

可動フタつきの容器に入れた気体を熱する（熱 Q を与える）としよう．加熱に伴う気体の体積変化が ΔV なら，内部エネルギーの変化は式(6.10)のように書ける[*7]．

$$\Delta U = Q - P\Delta V \tag{6.10}$$

*4 Q と W の符号に注意する．受けとる場合は正，与える場合は負になる．

*5 核（原子核）にひそむエネルギーや，重力場のもとで粒子がもつ位置エネルギーなども内部エネルギーだが，化学変化（や物理変化）のときに変わらないため，熱力学では無視してよい．

*6 熱は「粒子の集団がもつ運動エネルギーの目安」だから，熱力学第一法則は，古典力学のエネルギー保存則より意味が広い．

*7 $\Delta V > 0$ なら外に仕事を与えるので，$W = -P\Delta V$ になる．

86   6章 ● 熱力学① 第一法則

COLUMN！   状 態 量

　物質は，熱の出入りや反応に応じて状態を変える．熱の出入りも反応もしない物質は，一定の状態（平衡状態）にある．平衡状態で値がひとつに決まる量を「状態量」という．状態量には体積や圧力，温度，密度などがあり，それぞれの値を実測できる．

　1 mol の理想気体だと，体積と温度を決めれ

ば，圧力も密度も決まる．このように平衡状態は，少数の状態量を指定すると全体の姿が決まる．

　内部エネルギーも状態量の類になる．しかし熱や仕事は，「状態間を移動するエネルギーの形態」にすぎず，移動のしかたで値が変わるため，状態量ではない．

　熱を受けとってエネルギーは増すが，外部に向けてした仕事の分だけ，内部エネルギーが減る．熱を主役にして書き換えよう．

$$Q = \Delta U + P\Delta V \tag{6.11}$$

　つまり，系が受けとった熱は，内部エネルギーの増加と，外部に向けた仕事（$\Delta V > 0$ のとき）または外部からされる仕事（$\Delta V < 0$ のとき）に分配される．

【例題 6.2】 フタを固定した場合，式(6.11)はどう変わるか．
【答】 気体の体積が一定だから $W = P\Delta V = 0$ となり，$Q = \Delta U$ に変わる（加えた熱は内部エネルギーの変化に等しい）．

6.6 エンタルピー

　ここから改めて，エンタルピー（記号 H）[*8]という量を考えよう．エンタルピーは次のように定義する．

$$H = U + PV \tag{6.12}$$

　一般的な変化の場合，エンタルピーの変化量は式(6.13)のように書ける．

$$\Delta H = \Delta U + P\Delta V + V\Delta P \tag{6.13}$$

　図 6.4 のような系なら，容器内の圧力はいつも大気圧（$P = 1 \times 10^5$ Pa）なので $\Delta P = 0$（$V\Delta P = 0$）だから，式(6.14)のように書いてよい．

$$\Delta H = \Delta U + P\Delta V \tag{6.14}$$

　式(6.11)と比べれば，次の式(6.15)が成り立つとわかる．

$$\Delta H = Q \tag{6.15}$$

　つまり，定圧のもとで化学変化が進むときに出入りする熱は，エンタルピー

[*8] 英語 enthalpy はギリシャ語 *en*（中に）と *thalpein*（熱）からの造語で，「物質が秘めている熱」を意味する．記号 H（heat から）は 1922 年に A・W・ポーターが提案．

変化 ΔH に等しい.

エタノール 1 mol と酸素 3 mol の反応 (図 6.3) は, 体積変化を伴っていた. このような体積変化のため「しかたなく減少・増加する熱」を補正し, 現実に観測される発熱または吸熱を表すのが, エンタルピー変化だと考えよう.

反応エンタルピー

日本の高校化学では, 「水素 1 mol と酸素 0.5 mol の反応で水 1 mol が生じるとき, 286 kJ の熱が出る」ことを, 次のような「熱化学方程式」で表す.

$$H_2(g) + \frac{1}{2}O_2(g) = H_2O(l) + 286 \text{ kJ} \tag{6.16}$$

反応 (6.16) でも系の体積は激減するけれど, 286 kJ は「体積変化に伴う仕事を補正した熱の出入り (実際は発熱)」だから, エンタルピー変化にほかならない.

ただし, 国際的には式 (6.16) は使わず, 下記のような「反応式とエンタルピー変化のセット」を**熱化学方程式**[*9]とよぶ.

$$H_2(g) + \frac{1}{2}O_2(g) \longrightarrow H_2O(l) \quad \Delta_r H = -286 \text{ kJ} \tag{6.17}$$

[*9] 日本語の「方程式」は等号で結んだ式をいうが, 原語 thermochemical equation の equation は, 日本語より意味が広いと考えよう.

$\Delta_r H$ の中間にある下つき r は, 反応 (reaction) を表す. 発熱反応では系のエンタルピーが減るため, $\Delta_r H < 0$ となる.

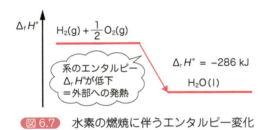

図 6.7 水素の燃焼に伴うエンタルピー変化

【例題 6.3】 プロパン C_3H_8 の完全燃焼 (燃焼熱 2219 kJ mol^{-1}) を, 国際的に通じる式 (6.17) のような熱化学方程式で表せ.

【答】 $C_3H_8(g) + 5O_2(g) \longrightarrow 3CO_2(g) + 4H_2O(g) \quad \Delta_r H = -2219 \text{ kJ}$

6.7 標準生成エンタルピー

次の熱化学方程式を考えよう.

$$H_2(g) + \frac{1}{2}O_2(g) \longrightarrow H_2O(l) \quad \Delta_r H = -286 \text{ kJ} \tag{6.18}$$

式 (6.18) は,「水素 1 mol のエンタルピー ＋ 酸素 0.5 mol のエンタルピーは, 水 1 mol のエンタルピーより 286 kJ だけ大きい」と読み解ける. そのとき「物質それぞれのエンタルピー」は, どう考えればよいのだろうか？

物質のエンタルピー値は，次のように約束して決める[*10].

> ① 常温常圧でいちばん安定な単体のエンタルピーは，みな 0 と見なす．
> ② 成分元素の単体から化合物 1 mol をつくる反応のエンタルピー変化（反応エンタルピー．この場合は生成エンタルピー）を，その化合物のエンタルピーとする．
> ③ 標準状態（1 bar ＝ 10^5 Pa）での生成エンタルピーを標準生成エンタルピーとよび，記号 $\Delta_f H°$ [*11] で表す（標準状態は温度を指定しないが，物理化学では 25 ℃ とすることが多い）．

[*10] この約束は「化合物」で成り立つ．水溶液中のイオンだと，活量 1（≈モル濃度 1 mol L^{-1}）の水素イオンのエンタルピーを 0 と見なす．

[*11] 標準状態を示す場合は「°」という記号（naught）をつける．

水 H_2O が生成する反応の熱化学方程式〔次式（6.19）〕から，水の標準生成エンタルピーを求めてみよう．

$$H_2(g) + \frac{1}{2} O_2(g) \longrightarrow H_2O(l) \quad \Delta_r H° = -286 \text{ kJ} \quad (6.19)$$

常温常圧でいちばん安定な単体 $H_2(g)$ と $O_2(g)$ は，約束に従って $\Delta_f H° = 0$ とする．つまり左辺の総エンタルピーは 0 だから，$H_2O(l)$ の $\Delta_f H°$ は -286 kJ mol^{-1} となる．

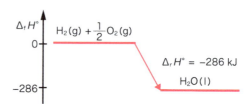

図 6.8 反応エンタルピーから標準生成エンタルピーの計算

【例題 6.4】 次の熱化学方程式を使い，一酸化窒素の標準生成エンタルピー $\Delta_f H°$ 値を求めよ．

$$N_2(g) + O_2(g) \longrightarrow 2NO(g) \quad \Delta_r H = +180.5 \text{ kJ}$$

【答】 NO 1 mol あたりに書き換える．

$$\frac{1}{2} N_2(g) + \frac{1}{2} O_2(g) \longrightarrow NO(g) \quad \Delta_r H = +90.25 \text{ kJ}$$

$N_2(g)$ と $O_2(g)$ は $\Delta_f H° = 0$ だから，NO(g) の $\Delta_f H°$ は $+90.25$ kJ mol^{-1} となる（$\Delta_f H°$ が正値の化合物も一部ある）．

標準生成エンタルピーと反応熱

6.3 節で「先取り使用」した標準生成エンタルピー $\Delta_f H°$（表 6.1）の素性は，これでおわかりだろう．$\Delta_f H°$（表 6.1）を覚える必要はなく，データがどこに載っているかを知っていればよい．$\Delta_f H°$ を組み合わせれば，どんな反応のエンタルピー変化（反応エンタルピー）もたちまち計算できる．

例として，エタノールの燃焼〔次式(6.20)〕の反応エンタルピーを計算しよう．

$$C_2H_5OH(g) + 3O_2(g) \longrightarrow 2CO_2(g) + 3H_2O(l) \tag{6.20}$$

物質の化学式をカッコ書きすれば，表6.1から $\Delta_f H°(C_2H_5OH) = -277.7$ kJ mol^{-1}, $\Delta_f H°(CO_2) = -393.5$ kJ mol^{-1}, $\Delta_f H°(H_2O) = -285.8$ kJ mol^{-1} だとわかる〔約束により $\Delta_f H°(O_2) = 0$ kJ mol^{-1}〕．すると，左辺の合計は式(6.21)のようになる．

$$\Delta_f H°(C_2H_5OH) + 3\Delta_f H°(O_2) = -277.7 \text{ kJ} \tag{6.21}$$

同様に，右辺の合計は式(6.22)のように計算できる．

$$\begin{aligned} 2\Delta_f H°(CO_2) + 3\Delta_f H°(H_2O) &= (-393.5) \times 2 + (-285.8) \times 3 \\ &= -1644.4 \text{ kJ} \end{aligned} \tag{6.22}$$

式(6.22)の右辺(生成物)の値から左辺(反応物)の値を引き，標準反応エンタルピー $\Delta_r H°$ が -1366.7 kJ だとわかる(図6.9)．

$$C_2H_5OH(l) + 3O_2(g) \longrightarrow 2CO_2(g) + 3H_2O(l)$$
$$\Delta_r H = -1366.7 \text{ kJ} \tag{6.23}$$

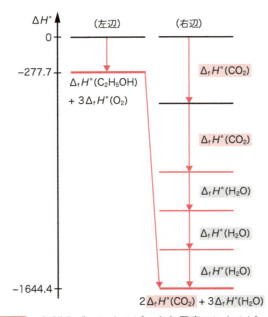

図6.9 標準生成エンタルピーから反応エンタルピーの計算

6.8 標準生成エンタルピーと状態変化

同じ水の標準生成エンタルピーも，状態(気体，液体，固体)ごとにちがう．液体(-286 kJ mol^{-1})と気体(-242 kJ mol^{-1})の差は，表6.1からもわかる．

つまり水の蒸発は，次の熱化学方程式(6.24)に書ける(図6.10)．

$$H_2O(l) \longrightarrow H_2O(g) \qquad \Delta H° = +44 \text{ kJ} \tag{6.24}$$

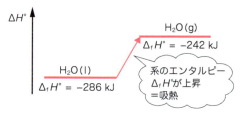

図 6.10　水の蒸発(気化)に伴うエンタルピー変化

気体(水蒸気)の標準エンタルピーが液体のそれより大きいため，水の蒸発は $\Delta H° > 0$ の吸熱変化になる．

0 ℃，10^5 Pa で水 1 mol が水蒸気に変わると，体積はほぼ 22.4 L だけ増える．水蒸気が外部にする仕事は次のように計算でき，わずか 2.2 kJ でしかない($1 \text{ kJ} = 10^3 \text{ Pa m}^3$)．

$$\begin{aligned} W = P\Delta V &= 1 \times 10^5 \text{ Pa} \times 22400 \text{ cm}^3 \\ &= 1 \times 10^5 \text{ Pa} \times 2.2 \times 10^{-2} \text{ m}^3 = 2.2 \text{ kJ} \end{aligned} \tag{6.25}$$

つまり蒸発する水が吸収する熱のほとんどは，膨張仕事ではなく，液体状態 → 気体状態への変化(分子間の水素結合切断)に使われる．

6.9　熱容量

物質を熱すれば温度は上がる．温度の上昇幅 ΔT は，物質に加えた熱 Q の大きさに比例する．比例係数を C と書けば，C は温度の上がりにくさの目安となる量で，**熱容量**とよぶ．

$$Q = C\Delta T \tag{6.26}$$

高校で学ぶ比熱容量(略称「比熱」)は，物質 1 g の温度を 1 K 上げるのに必要な熱量を表す．水は比熱容量が 4.2 J g^{-1} K^{-1} だから，水 1 g に 4.2 J の熱を加えれば温度が 1 K だけ上がる．

物理化学では通常，物質 1 mol の温度を 1 K 上げるのに必要な熱を考える．それを**モル熱容量**といい，文字 m を添えた記号 C_m で表す．

量 n (mol) の気体を熱するとしよう．一定の大気圧 P のもとで気体に熱 Q の熱を与えたらフタが上昇し，体積が ΔV だけ増したとする．その場合，与えた熱から膨張仕事を引いたものが，内部エネルギーの増加にあたる．つまり次式(6.27)が成り立つ．

$$\Delta U = Q - P\Delta V \tag{6.27}$$

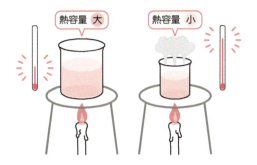

要するに，Q から $P\Delta V$ を引いた分の熱だけが，気体の温度上昇に効く．

かたや，フタを固定して熱すれば，体積変化が 0 だから式 (6.28) のようになる．

$$\Delta U = Q \tag{6.28}$$

外部に向けた仕事をしないため，もらった熱がそのまま温度上昇に使われる．このように温度の上昇幅は，圧力一定 (体積可変) か体積一定 (圧力可変) かで変わる．

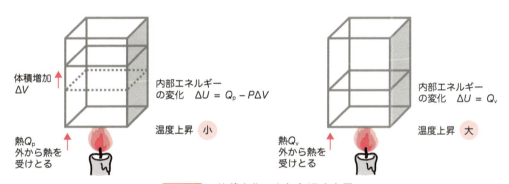

図 6.11　体積変化の有無と温度上昇

大気圧 P のもとで物質に Q_p の熱を与え，フタが上昇 (体積が増加) したとき，内部エネルギーの増加分は式 (6.29) のように書ける (下つき文字 p は，圧力一定を表す)．

$$\Delta U = Q_p - P\Delta V \tag{6.29}$$

次式 (6.30) のように書き換えよう．

$$Q_p = \Delta U + P\Delta V = \Delta H \tag{6.30}$$

つまり，圧力が一定のとき，加えた熱 Q_p はエンタルピー変化に等しい．モル熱容量の定義から，次の関係が成り立つ．

$$Q_p = \Delta H = nC_{p,m}\Delta T \tag{6.31}$$

かたや体積が一定のとき，加えた熱 Q_v は，内部エネルギー変化に等しい．

$$\Delta U = Q_v \tag{6.32}$$

モル熱容量の定義から，次の関係が成り立つ．

$$Q_v = \Delta U = nC_{v,m}\Delta T \tag{6.33}$$

1 mol ($n = 1$) の理想気体を考えよう．圧力一定で体積を変えれば温度が変わる．状態方程式より，体積変化 ΔV と温度変化 ΔT は次式(6.34)で結びつく．

$$P\Delta V = R\Delta T \tag{6.34}$$

式(6.31)，式(6.33)，式(6.34)を式(6.30)に代入し，次式(6.35)を得る．

$$C_{p,m}\Delta T = C_{v,m}\Delta T + R\Delta T \tag{6.35}$$

以上から，**定圧モル熱容量** $C_{p,m}$ と**定積モル熱容量** $C_{v,m}$ は次の関係(マイヤーの式)にあるとわかる．

$$C_{p,m} = C_{v,m} + R \tag{6.36}$$

単原子分子の**理想気体**(いちばん近いのは貴ガスの He)だと，気体分子運動論により，1 mol の内部エネルギーは $\frac{3}{2}RT$ だとわかっている(つまり $C_{v,m} = \frac{3}{2}R$)．すると式(6.36)から $C_{p,m} = \frac{5}{2}R$ になる．モル熱容量の比を $\gamma = \dfrac{C_{p,m}}{C_{v,m}}$ と定義すれば，理論値は $\gamma = 1.67$ となる．He の実測値 $\gamma = 1.66$ ($P = 1.013 \times 10^5$ Pa, $T = 93$ K)は，理論値にきわめて近い．

1. 一定圧力 1.00×10^5 Pa のもと，体積を 100 cm³ だけ増す気体は，外に向けてどれほどの仕事をするか？
2. 1.00×10^5 Pa で沸点 300 K の液体 0.20 mol が蒸発するとき，エンタルピー変化と内部エネルギー変化はいくらか．蒸発エンタルピーは 25.5 kJ mol⁻¹ とし，液体の体積は無視してよい．
3. $\Delta_f H°(C_2H_6) = -84.7$ kJ mol⁻¹, $\Delta_f H°(CO_2) = -393.5$ kJ mol⁻¹, $\Delta_f H°(H_2O) = -285.8$ kJ mol⁻¹ を使い，1 mol のエタン C_2H_6 が完全燃焼するときの発生熱量を求めよ．
4. 定圧モル熱容量 $C_{p,m}$ と定積モル熱容量 $C_{v,m}$ は，どちらが大きいと考えられるか．

7章 熱力学② 第二法則

- 吸熱変化はなぜ進むのだろう？
- エントロピーとは，どのように定義された量なのか？
- エントロピーとエネルギーは，どんな関係にあるのか？
- ギブズエネルギーとは何か？
- 自発変化の向きは，どのようにして判定するのか？

7.1 吸熱変化

エンタルピーの変化分は，一定圧力のもと「体積変化による仕事を相殺した内部エネルギーの変化」だった（6章）．大まかにいえば，「大気圧のもとで何かが起こるときに出入りする熱」を表す．

6章で学んだとおり，ほぼ「物質それぞれがもつ熱量」とみてよい「標準生成エンタルピー」を使えば，化学変化や物理変化に伴う熱の出入りが計算できる．一般に，水が低いほうへと流れるのに似て，発熱量の大きな（$\Delta_r H < 0$ で $|\Delta_r H|$ が大きい）変化ほど進みやすい[*1]．

ただし自然現象のなかには，「吸熱を伴う自発変化」もある．たとえば硝酸アンモニウムは，かなり大きい吸熱を示しながら，水 100 mL に 190 g も溶ける〔式(7.1)，図 7.1〕．

$$\mathrm{NH_4NO_3(s) \longrightarrow NH_4^+(aq) + NO_3^-(aq) \quad \Delta_r H = +25.7\ kJ} \quad (7.1)$$

つまり，吸熱変化が進まないわけではないし，$\Delta_r H$ の大小が変化の向き

[*1] 「変化の駆動力は発熱量だけ」が常識だった 19 世紀中期の科学者は熱測定をくり返し，たとえばヘスの法則（1840年）を見つけた．しかし 19 世紀の末に，後述のエントロピーが「第二の駆動力」だとわかる．

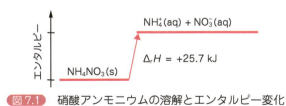

図 7.1　硝酸アンモニウムの溶解とエンタルピー変化

G・ヘス
（1802 〜 1850）

を決めるわけでもない．では，自然に進む変化（自発変化）の向きは，いったい何が決めるのだろう？

7.2　エントロピー

表向きに何枚も並べたトランプが風で飛ばされたら，表裏がバラバラになってしまう．また，表裏バラバラのトランプが，飛ばされたあと表向きだけになる確率はたいへん低い．化学現象や物理現象もそれと同様，粒子の世界が乱雑になる（多様性を増す）向きに進みやすい．「秩序の高い状態から低い状態へ」とも表現できる．

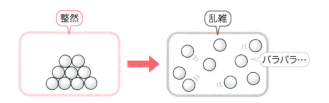

*2　少々つかみにくい「乱雑さ」のかわりに，「選択の余地」や「ミクロな状態の数」と考えてもよい．

粒子世界の乱雑さ[*2]は，**エントロピー**という量で表せる．化学変化は（状態変化など物理変化も），エンタルピーが減る向きか，エントロピーが増す向きに進もうとする（両者の兼ね合いについては p.101 参照）．

たとえば硝酸アンモニウムが水に溶けると，イオン結晶内できれいに並んでいたイオンが水和してバラバラになるため，エントロピーは大きく増える．だから硝酸アンモニウムは水に溶けやすい．

ミクロ世界（統計力学）の定義

ボルツマンは1877年，系を構成する粒子が W 個の状態をとれるとして，系のエントロピー S を次式〔ボルツマンの式(7.2)〕で定義した．

$$S = k \ln W \tag{7.2}$$

比例係数 k を**ボルツマン定数**という（値は 1.38×10^{-23} J K^{-1}）．ボルツマン定数は，気体定数 R をアボガドロ定数 N_A で割った値に等しい．

$$k = \frac{R}{N_A} \tag{7.3}$$

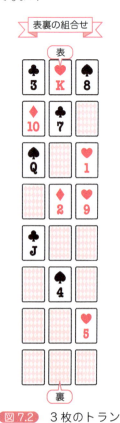

図7.2　3枚のトランプの表裏の組合せ

粒子の状態をトランプの表裏にたとえよう．トランプ3枚につき，最初が「どれも表」なら，状態はひとつに決まるため，状態の数は1としてよい．風に吹き飛ばされたあとはランダムになり，表か裏かは決まらないので，状態の数は $2^3 = 8$ になる（図7.2）．すると，「風が吹く」という変化の前後で，エントロピー S は $k \ln 1$ から $k \ln 8$ まで変わる結果，エントロピー変化 ΔS は次のように正だとわかる．

$$\Delta S = k \ln 8 - k \ln 1 = k \ln 8 > 0 \tag{7.4}$$

「風が吹く」変化により，ランダムな状態が「どれも表」状態になる確率は0ではない．ただし，100回の試行で毎回そうなるのは不自然だろう．逆に，「どれも表」状態から出発すれば，試行100回の100回とも，結果はランダムな状態になるだろう．

このようにミクロ世界の定義では，粒子がとれる状態のランダム化（エントロピー増大）が，自然な変化の向きだといえる．

マクロ世界（熱化学）の定義

6章でも考えた可動フタつきの容器に，n モルの理想気体（系）を入れたとしよう．温度 T を一定に保ちつつ，少しだけ高温の熱源を近づけ，気体に熱 Q を与える．ただし，熱を与えても系の温度が上がらないよう，外部に向けた仕事をさせる（**等温膨張**）．つまり気体は温度一定のまま膨張し，体積が最初の V_1 から V_2 へと増す．

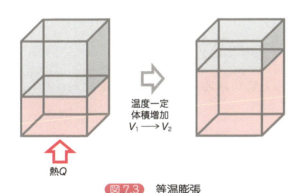

図7.3 等温膨張

等温膨張は，熱をもらった結果，気体の運動できる空間が広がる（気体分子のとれる状態の数が増す）と考えてよい．気体分子の「とれる状態」は，エントロピーの目安にあたる．

そこで，可逆的[*3]に移動した熱 Q と絶対温度 T をもとに，エントロピーの変化量 ΔS を次のように定義する．

$$\Delta S = \frac{Q}{T} \tag{7.5}$$

熱をもらった気体は，膨張することで外に向けて仕事をする．圧力もたえず変化する可逆条件での仕事（系が外に対して仕事をするため，負号をつける）は，式(7.6)の積分で求められる．

$$-W = \int_{V_1}^{V_2} P dV \tag{7.6}$$

*3 熱力学でいう「可逆」は，「逆行できる」だけでなく，「平衡を保ちつつ無限小の変化を重ねる」ことを意味する．無限小の変化を重ねるには無限大の時間がかかるため，仮想の変化だと心得よう．

理想気体の状態方程式 $PV = nRT$ を $P = \dfrac{nRT}{V}$ と変形して代入し，計算した結果は次のようになる．

$$-W = \int_{V_1}^{V_2} P dV = \int_{V_1}^{V_2} \frac{nRT}{V} dV = nRT \ln\frac{V_2}{V_1} \tag{7.7}$$

熱力学第一法則より，次の式(7.8)が成り立つ．

$$\Delta U = Q + W \tag{7.8}$$

理想気体の内部エネルギー U は温度だけで決まる．温度が一定なら $\Delta U = 0$ なので，移動した熱 Q は，体積変化を使って式(7.9)のように書ける．

$$Q = -W = nRT \ln\frac{V_2}{V_1} \tag{7.9}$$

定義の式(7.5)に代入すれば，エントロピーの変化量 ΔS は式(7.10)のように表せる．

$$\Delta S = \frac{Q}{T} = nR \ln\frac{V_2}{V_1} \tag{7.10}$$

熱 Q をもらった気体は膨張して $V_1 \leq V_2$ だから，次の式(7.11)が成り立つ．

$$\Delta S \geq 0 \tag{7.11}$$

つまり，変化はエントロピーが増す向きに起こることがわかる．

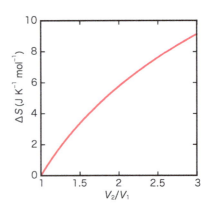

図7.4　等温膨張にともなうエントロピー変化

【例題7.1】 温度一定で理想気体 1.0 mol に熱を加えたら，体積が 0.022 m³ から 0.024 m³ に変わった．エントロピー変化はいくらか．

【答】 $n = 1.0$ mol, $R = 8.3$ J K^{-1} mol^{-1}, $V_1 = 0.022$ m³, $V_2 = 0.024$ m³ を式(7.10)に代入し，$\Delta S = 0.72$ J K^{-1} を得る．

標準エントロピー

6章では，ある基準のもと，物質ごとの「標準生成エンタルピー $\Delta_f H°$」を定義した．エントロピーの場合は，物質ごとの**標準エントロピー** $S°$ を定義できる．絶対値が決まらないエンタルピーとはちがい，物質のエントロピーは「絶対零度（0 K）にある完全結晶」のエントロピーを0とみて絶対値が決まる[*4]．絶対零度でないときのエントロピー値は，熱容量やエンタルピーのデータから計算できる．

標準状態（1×10^5 Pa）で物質 1 mol がもつエントロピーを**標準モルエントロピー**とよび，記号 $S_m°$ で表す（温度は通常，25 ℃ = 298.15 K とする）．よく出合う単体と化合物の値を表 7.1 と図 7.5 にまとめた．

*4 説明の順は前後するが，「絶対零度で完全結晶のエントロピーは0になる」という発想を，**熱力学第三法則**という．

表 7.1　単純な物質の標準モルエントロピー（25 ℃）

物質	標準モルエントロピー $S_m°$ (J K^{-1} mol^{-1})	$-T \times S_m°$ (kJ mol^{-1})
H$_2$(g)	130.684	-38.96
C(s, 黒鉛)	5.740	-1.711
N$_2$(g)	191.61	-57.12
O$_2$(g)	205.138	-61.16
CO(g)	197.67	-58.93
CO$_2$(g)	213.74	-63.72
H$_2$O(g)	188.83	-56.29
H$_2$O(l)	69.91	-20.84
NH$_3$(g)	192.45	-57.37
NO(g)	210.76	-62.83
NO$_2$(g)	240.06	-71.57
メタン CH$_4$(g)	186.26	-55.53
エタン C$_2$H$_6$(g)	229.60	-68.45
アセチレン C$_2$H$_2$(g)	200.94	-59.91
ベンゼン C$_6$H$_6$(g)	173.3	-51.66

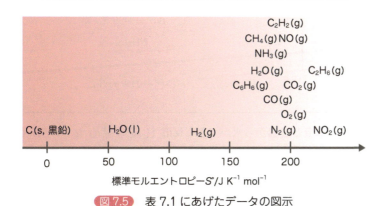

図 7.5　表 7.1 にあげたデータの図示

標準モルエントロピーの単位は J K^{-1} mol^{-1} となる．エントロピー S は通常，温度 T とかけあわせた $T \times S$（単位 J mol^{-1}）の形で使うため，表 7.1 に

は「$-T \times S_m^\circ$」の値も示す．標準生成エンタルピー（表6.1）の値と比較しやすいよう，「J mol^{-1}」ではなく「kJ mol^{-1}」単位とした．

気体の標準モルエントロピーは，例示の範囲ではほぼ 130 ～ 250 J K^{-1} mol^{-1} となり，298.15 K での「$-T \times S_m^\circ$」値は -40 ～ -75 kJ mol^{-1} となる．かたや6章の標準生成エンタルピーは，符号も絶対値も物質ごとにかなりバラつきが大きかった．

標準反応エントロピー

標準生成エンタルピー $\Delta_f H^\circ$ から標準反応エンタルピー $\Delta_r H^\circ$ を求めたのと同様にして，標準エントロピー S° からは反応前後の標準エントロピー変化 $\Delta_r S^\circ$（**標準反応エントロピー**）が求められる．25℃で窒素と水素からアンモニア 1 mol を生じる反応を考えよう．

$$\frac{1}{2}N_2(g) + \frac{3}{2}H_2(g) \longrightarrow NH_3(g) \tag{7.12}$$

標準エントロピーの総和は次のようになる．

$$\begin{aligned}左辺 &= \frac{1}{2}S_m^\circ(N_2) + \frac{3}{2}S_m^\circ(H_2) = 95.8 + 196.0 \text{ J K}^{-1} \\ &= 291.8 \text{ J K}^{-1}\end{aligned} \tag{7.13}$$

$$右辺 = S_m^\circ(NH_3) = 192.5 \text{ J K}^{-1} \tag{7.14}$$

すると標準反応エントロピーは，次の式(7.15)のように計算できる．

$$\Delta_r S^\circ = 192.5 - 291.8 \text{ J K}^{-1} = -99.3 \text{ J K}^{-1} \tag{7.15}$$

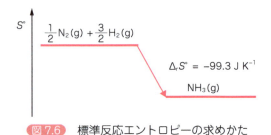

図 7.6 標準反応エントロピーの求めかた

【例題7.2】 水素と酸素から水ができる反応 $H_2(g) + \frac{1}{2}O_2(g) \rightarrow H_2O(l)$ の標準反応エントロピー $\Delta_r S^\circ$ を求めよ．

【答】 標準エントロピーの総和は次のようになる．

$$左辺 = S_m^\circ(H_2) + \frac{1}{2}S_m^\circ(O_2) = 130.7 + 102.5 = 233.2 \text{ J K}^{-1}$$

$$右辺 = S_m^\circ(H_2O) = 69.9 \text{ J K}^{-1}$$

標準反応エントロピー $\Delta_r S^\circ = 69.9 - 233.2 = -163.3 \text{ J K}^{-1}$

状態変化とエントロピー

融解 (固体 → 液体) や蒸発 (液体 → 気体) のような状態変化を考える。融解のときは，規則正しく並んでいた粒子 (イオンや分子) がバラバラになるため，エントロピーは増すだろう。蒸発のときも，せまい空間にいた分子が広い空間に飛び出すため，やはりエントロピーは増す。

状態変化に伴うエントロピー変化を見積もろう。状態変化が定圧 (たとえば大気圧下) で進むとすれば，状態変化に必要な熱 Q はエンタルピー変化 ΔH に等しい。熱は粒子の (運動の勢いでなく) 集合状態を変えるのに使われるため，状態変化は等温変化だといえる。

標準状態 (1×10^5 Pa) の物質が融点 (T_m) で融ける際のエントロピー変化を標準融解エントロピーといい，記号 $\Delta_{融解} S°$ で表す。$\Delta_{融解} S°$ は，標準融解エンタルピー $\Delta_{融解} H°$ と次の式 (7.16) の関係にある。

$$\Delta_{融解} S° = \frac{Q}{T_m} = \frac{\Delta_{融解} H°}{T_m} \tag{7.16}$$

たとえばエタノール ($T_m = 158.7$ K, $\Delta_{融解} H° = 4.60$ kJ mol^{-1}) の標準融解エントロピー $\Delta_{融解} S°$ は，次の式 (7.17) の値になる。

$$\begin{aligned}\Delta_{融解} S° &= \frac{\Delta_{融解} H°}{T_m} \\ &= 4.60 \text{ kJ mol}^{-1}/158.7 \text{ K} = 0.0290 \text{ kJ K}^{-1} \text{ mol}^{-1} \\ &= 29.0 \text{ J K}^{-1} \text{ mol}^{-1}\end{aligned} \tag{7.17}$$

また，標準状態の物質が沸点 (T_b) で蒸発する際のエントロピー変化を標準蒸発エントロピーといい，記号 $\Delta_{蒸発} S°$ で表す。$\Delta_{蒸発} S°$ は，標準蒸発エンタルピー $\Delta_{蒸発} H°$ と式 (7.18) の関係にある。

$$\Delta_{蒸発} S° = \frac{Q}{T_b} = \frac{\Delta_{蒸発} H°}{T_b} \tag{7.18}$$

たとえばエタノール ($T_b = 351.5$ K, $\Delta_{蒸発} H° = 43.5$ kJ mol^{-1}) の標準蒸発エントロピー $\Delta_{蒸発} S°$ は，次の式 (7.19) の値になる。

$$\Delta_{蒸発} S° = \frac{\Delta_{蒸発} H°}{T_b}$$
$$= 43.5 \text{ kJ mol}^{-1}/351.5 \text{ K} = 0.124 \text{ kJ K}^{-1} \text{ mol}^{-1}$$
$$= 124 \text{ J K}^{-1} \text{ mol}^{-1} \tag{7.19}$$

粒子が動き回る空間の拡がり具合から想像できるとおり，融解〔式(7.17)〕と蒸発〔式(7.19)〕を比べれば，エントロピー増加は蒸発のほうが大きい．

◤7.3　ギブズエネルギー◢

化学反応の場合,自発変化が「エントロピーの増す向きに進む」というのは，反応する物質(反応系)だけではなく，まわりの環境(外界)も含めた状況をいう．熱を出す反応(発熱反応)なら，出た熱は外界が受けとる．そのとき増す外界のエントロピーも，考えなければならない．

反応系のエントロピー変化が $\Delta S_内$，外界のエントロピー変化が $\Delta S_外$ のとき，自発変化では，次の式(7.20)の総エントロピー変化 $\Delta S_全$ が正の値になる．

$$\Delta S_全 = \Delta S_内 + \Delta S_外 > 0 \tag{7.20}$$

発熱反応では，熱が反応系から外界へ移る．反応系が熱を受けとれば $Q > 0$，熱を放出すれば $Q < 0$ だった(6章)．外界の立場では熱の出入りが逆符号になるため，外界が受けとる熱は $-Q$ と書ける．すると，外界のエントロピー変化は次の式(7.21)で表せる．

$$\Delta S_外 = -\frac{Q}{T} \tag{7.21}$$

定温・定圧下では $Q = \Delta H$(反応エンタルピー)だから，次の式(7.22)が成り立つ(発熱の場合は $Q = \Delta H < 0$)．

$$\Delta S_外 = -\frac{\Delta H}{T} \tag{7.22}$$

ΔH は，($\Delta H_内$ とも書くべき)反応系のエンタルピー変化だという点に注意しよう．つまり式(7.22)は，**外界のエントロピー変化を，反応系の量だけで表した**ことになる．

式(7.22)を式(7.20)に代入すると，次の不等式(7.23)ができる．

$$\Delta S_内 - \frac{\Delta H}{T} > 0 \tag{7.23}$$

温度 T をかけて整理すれば，式(7.24)になる．

$$\Delta H - T\Delta S_内 < 0 \tag{7.24}$$

式(7.24)は，系と外界を合わせた「宇宙」の総エントロピー増大を表すの

だった．式中の量はどれも「反応系の量」だから，下つき文字「内」は省こう．そこで，次の量を考える．

$$G = H - TS \tag{7.25}$$

G を**ギブズエネルギー**（または**ギブズの自由エネルギー**．「自由」の意味は後述）という．定温・定圧のもとで，ギブズエネルギーの変化量は次のように書ける．

$$\Delta G = \Delta H - T\Delta S \tag{7.26}$$

式(7.26)を式(7.24)と合わせて考えれば，「定温・定圧のもと，**自発変化はギブズエネルギーが減る（$\Delta G < 0$ の）向きに進む**」といえる．

式(7.20)の $\Delta S_\text{全} > 0$ や，それと完全に同じ意味の $\Delta G_\text{全} < 0$（系の性質）を，**熱力学第二法則**という．第二法則は，物理変化や化学変化が自然に進む向きを教える．

$$\Delta G = \Delta H - T\Delta S$$
がんばれ　阪神　タイガース

変化の向き：ΔH と ΔS の競合

式(7.26)でわかるように，自発変化の向きはギブズエネルギーの変化量 ΔG が決める．$\Delta G < 0$ なら正反応が進み，$\Delta G > 0$ なら逆反応が進む．$\Delta G = 0$ のときは，正反応と逆反応がつりあって平衡状態に達する．

ギブズエネルギー変化 ΔG は，ΔH 項と ΔS 項からなる．温度 T はいつも正だから，反応の向きは，ΔH と ΔS の正負で四つに分かれる．

① $\Delta H < 0$，$\Delta S > 0$ の場合

エンタルピーが減り（発熱変化），エントロピーが増す．すると必ず $\Delta G < 0$ となるため，正反応が自然に進む．

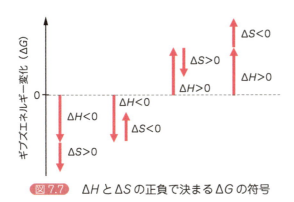

図 7.7　ΔH と ΔS の正負で決まる ΔG の符号

② $\Delta H < 0$, $\Delta S < 0$ の場合

エンタルピーもエントロピーも減る。次の反応(7.27)が例になる。

$$H_2(g) + \frac{1}{2}O_2(g) \longrightarrow H_2O(l) \quad \Delta_r H° = -286\,\text{kJ} \tag{7.27}$$

広い空間を占めていた気体が小体積の液体になる反応だから、エントロピーは減る($\Delta_r S° = -163\,\text{J K}^{-1}$)。ただし、エンタルピー変化が大きな負値だから総合で $\Delta G < 0$ となる結果、正反応が自然に進む。

③ $\Delta H > 0$, $\Delta S > 0$ の場合

エンタルピーが増え(吸熱変化)、エントロピーも増す。p.93 にあげた硝酸アンモニウムの溶解〔反応(7.1)〕が例になる。

$$NH_4NO_3(s) \longrightarrow NH_4^+(aq) + NO_3^-(aq) \quad \Delta_r H° = +25.7\,\text{kJ} \tag{7.28}$$

エンタルピー変化の面で右向きは不利だが、結晶内で整然と並んでいたイオンがバラバラになるときのエントロピー増加が大きいため、総合すると $\Delta G < 0$ となる。また、定義式 $\Delta G = \Delta H - T\Delta S$ より、温度 T が上がるほど ΔG は負に向けて変わる。だから一般に、塩の溶解度は高温ほど高い。

④ $\Delta H > 0$, $\Delta S < 0$ の場合

エンタルピーが増してエントロピーが減れば、必ず $\Delta G > 0$ となるため、正反応は進まない。

反応ギブズエネルギー

反応の進行に伴うギブズエネルギー変化を**反応ギブズエネルギー**といい、記号 $\Delta_r G$ で表す。$\Delta G = \Delta H - T\Delta S$ に注目すると、標準状態での $\Delta_r G°$ は、標準反応エンタルピー $\Delta_r H°$ と標準反応エントロピー $\Delta_r S°$ から計算できる。

次の反応(7.29)を例にしよう。

$$CO(g) + \frac{1}{2}O_2(g) \longrightarrow CO_2(g) \tag{7.29}$$

まず、両辺で $\Delta_f H°$ の総和を求める。

$$左辺 = \Delta_f H°[CO(g)] + \frac{1}{2}\Delta_f H°[O_2(g)] = -110.5\,\text{kJ} \tag{7.30}$$

$$右辺 = \Delta_f H°[CO_2(g)] = -393.5\,\text{kJ} \tag{7.31}$$

差し引きして $\Delta_r H° = -393.5 - (-110.5)\,\text{kJ} = -283.0\,\text{kJ}$ を得る。
次に、両辺で $S°$ の総和を求める。

$$\begin{aligned} 左辺 &= S°[CO(g)] + \frac{1}{2}S°[O_2(g)] = 197.7 + \frac{1}{2} \times 205.1\,\text{J K}^{-1} \\ &= 300.3\,\text{J K}^{-1} \end{aligned} \tag{7.32}$$

右辺 $= S°[CO_2(g)] = 213.7\,\mathrm{J\,K^{-1}}$ $\qquad$ (7.33)

差し引きして $\Delta_r S° = -300.3 - (-213.7)\,\mathrm{J\,K^{-1}} = -86.6\,\mathrm{J\,K^{-1}}$ を得る.

以上をまとめると,反応ギブズエネルギーは次のようになり,$\Delta_r G° < 0$ の自発変化だとわかる.

$$\begin{aligned}
\Delta_r G° &= \Delta_r H° - T\Delta_r S° \\
&= -283.0\,\mathrm{kJ} - (298.15\,\mathrm{K}) \times (-86.6 \times 10^{-3}\,\mathrm{kJ\,K^{-1}}) \\
&= -257.2\,\mathrm{kJ}
\end{aligned}$$
$\qquad$ (7.34)

7.4 標準生成ギブズエネルギー

物質ごとの「標準生成エンタルピー $\Delta_f H°$」を組み合わせると,反応エンタルピーが計算できるのだった(6章).同様にギブズエネルギーでも,物質ごとの**標準生成ギブズエネルギー** $\Delta_f G°$ を考えれば,物理変化や化学変化の向きをたちまち判断できる.

化合物の $\Delta_f G°$ は,「標準状態(圧力 $1 \times 10^5\,\mathrm{Pa}$.ふつう温度は $298.15\,\mathrm{K}$ を想定)で最安定な単体群から化合物 $1\,\mathrm{mol}$ をつくる反応のギブズエネルギー変化」と見なす($\Delta_f H°$ と同様,単体の $\Delta_f G°$ は 0 と考える).

$\Delta_f G°$ は,「生成反応」の $\Delta_r H°$ 値と $\Delta_r S°$ 値から求まる.次の式(7.35)の生成反応をもとに,アンモニアの標準生成ギブズエネルギー $\Delta_f G°$ を求めよう.

$$\frac{1}{2}\mathrm{N_2(g)} + \frac{3}{2}\mathrm{H_2(g)} \longrightarrow \mathrm{NH_3(g)}$$
$\qquad$ (7.35)

反応(7.35)の $\Delta_r H°$ は,アンモニアの標準生成エンタルピー $\Delta_f H°$($-46.11\,\mathrm{kJ\,mol^{-1}}$)に等しい.また $\Delta_r S°$ は $-99.38\,\mathrm{J\,K^{-1}\,mol^{-1}}$ だとわかっている(p.98 の値 $-99.3\,\mathrm{kJ}$ は,精度の悪い計算の結果).

以上より,式(7.35)の標準反応ギブズエネルギーは次の式(7.36)の値になり,それがアンモニアの $\Delta_f G°$ にほかならない.

$$\begin{aligned}
\Delta_f G° &= \Delta_f H° - T\Delta S° \\
&= -46.11\,\mathrm{kJ\,mol^{-1}} - (298.15\,\mathrm{K}) \times (-99.38 \times 10^{-3}\,\mathrm{kJ\,K^{-1}\,mol^{-1}}) \\
&= -16.48\,\mathrm{kJ\,mol^{-1}}
\end{aligned}$$
$\qquad$ (7.36)

なお,水に溶けたイオンの $\Delta_f G°$ は,水素イオン $\mathrm{H^+}$ の値を 0 とみた相対値で表す.簡単な単体と化合物,イオンの $\Delta_f G°$ 値を表 7.2 に示す.

化合物やイオンの $\Delta_f G°$ 値は,正にも負にもなる.化合物の場合,値が正のものは原料の単体群よりエネルギーが高く(不安定で活性),値が負のものは単体群よりエネルギーが低い(安定で不活性)と考えてよい.

$\Delta_f G°$ から標準反応ギブズエネルギー $\Delta_r G°$ の計算

標準反応ギブズエネルギー $\Delta_r G°$ を計算するには,まず反応式中の物質そ

表 7.2　標準生成ギブズエネルギー $\Delta_f G^\circ$ の例 (kJ mol^{-1})

物　質	$\Delta_f G^\circ$ (kJ mol^{-1})
H$_2$(g)	0
C(s, 黒鉛)	0
N$_2$(g)	0
O$_2$(g)	0
CO(g)	-137.17
CO$_2$(g)	-394.36
H$_2$O(g)	-228.57
H$_2$O(l)	-237.13
NH$_3$(g)	-16.45
NO(g)	86.55
NO$_2$(g)	51.31
メタン CH$_4$(g)	-50.72
エタン C$_2$H$_6$(g)	-32.82
アセチレン C$_2$H$_2$(g)	209.20
ベンゼン C$_6$H$_6$(g)	124.3
H$^+$(aq)	0
Ag$^+$(aq)	77.11
K$^+$(aq)	-283.27
Na$^+$(aq)	-261.91
Cl$^-$(aq)	-131.23
OH$^-$(aq)	-157.24

れぞれに標準生成ギブズエネルギー $\Delta_f G^\circ$ を当てはめる．次に，必要な係数をかけて両辺の和を求め，右辺の和から左辺の値を引いた値が $\Delta_r G^\circ$ に等しい．

CO と O$_2$ から CO$_2$ ができる反応 (7.3 節) では次の計算 [式 (7.37)] になり，前述の結果と一致する．

$$\Delta_r G^\circ = \Delta_f G^\circ[\mathrm{CO_2(g)}] - \Delta_f G^\circ[\mathrm{CO(g)}] - \frac{1}{2}\Delta_f G^\circ[\mathrm{O_2(g)}]$$
$$= -394.4 - (-137.2) - \frac{1}{2} \times 0 \,\mathrm{kJ} = -257.2 \,\mathrm{kJ} \qquad (7.37)$$

$\Delta_r G^\circ < 0$ だから，右向きが自発変化になる．

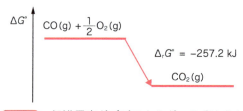

図 7.8　標準反応ギブズエネルギーの求めかた

【例題 7.3】 アセチレンと水素からエタンができる反応 $C_2H_2(g) + 2H_2(g) \rightarrow C_2H_6(g)$ の $\Delta_r G°$ 値を計算せよ．

【答】
$$\Delta_r G° = \Delta_f G°[C_2H_6(g)] - \Delta_f G°[C_2H_2(g)] - 2\Delta_f G°[H_2(g)]$$
$$= -32.8 - 209.2 - 2 \times 0 \text{ kJ} = -242.0 \text{ kJ}$$

7.5 化学変化と最大仕事

ギブズエネルギーの意味を考えよう．標準反応ギブズエネルギーは，次の式(7.38)のように書けるのだった．

$$\Delta_r G° = \Delta_r H° - T\Delta_r S° \tag{7.38}$$

エンタルピー項 $\Delta_r H°$ とエントロピー項 $\Delta_r S°$ の両方が反応の駆動力になっている．$\Delta_r H°$ は，結合の組み換えから熱の形でとり出せるエネルギーを表すのだった（体積変化の仕事分は補正ずみ）．また $\Delta_r S°$ は，反応系がもつ乱雑さの増減を表していた．

水素の燃焼反応をまた考えよう．

$$H_2(g) + \frac{1}{2}O_2(g) \longrightarrow H_2O(l) \quad \Delta_r H° = -286 \text{ kJ} \tag{7.39}$$

反応が進めば水素 1 mol あたり 286 kJ のエネルギーがとり出せそうだが，現実には $-\Delta_r G° = 237$ kJ しかとり出せない．エントロピー項分のエネルギー（$-T\Delta_r S° = 49$ kJ）が，反応系の内部で消費されてしまうからだ．

反応(7.39)はエントロピー減少（$\Delta_r S° = -163$ J K^{-1}，例題7.2より）を伴うため見た目は不利だけれど，大幅なエンタルピー減少（$\Delta_r H° = -286$ kJ）があるので矢印の方向に進む．そのとき，「気体 → 液体」で起こる粒子集団の「乱雑さ低下」に，$|\Delta_r H°|$ の一部（49 kJ）を使う結果，とり出せるエネルギーが 237 kJ に減ってしまう，と考えればよい．

つまり，エントロピー項 $T\Delta_r S°$ 分のエネルギーは自由に使えない．だから $T\Delta_r S°$ を**束縛エネルギー**とよぶことがある．また，束縛エネルギーを引いた「$-\Delta_r G°$」は，仕事に使えるエネルギーの最大値だから**最大仕事**ともいう．

1. 温度一定（300 K）で，水中の物体からまわりの水に 100 J の熱が移った．水のエントロピー変化はいくらか．
2. $C(\text{黒鉛}) + O_2(g) \longrightarrow CO_2(g)$ の標準反応エントロピー $\Delta_r S°$ を求めよ．
3. $3\,C_2H_2(g) \longrightarrow C_6H_6(g)$ の標準反応ギブズエネルギー $\Delta_r G°$ を求めよ．

8章 反応の速さ

- 反応の速さは，どのように表せばよいか？
- 反応の次数（一次・二次・三次）は何を意味するのか？
- 次数に応じ，反応物や生成物の濃度はどう変わっていくのか？
- 逐次反応，並列反応とは何か？
- 反応の仕組みは，どのような解析でわかるのか？

8.1 熱力学と速度論

車のエンジン内でガソリンが燃えるとき，共存する空気中の窒素 N_2 と酸素 O_2 が反応して一酸化窒素 NO ができる[*1]．大気に出た NO が酸化されてできる二酸化窒素 NO_2 は，光化学スモッグの原因物質となるオゾン O_3 を生む．NO を無害で安定な N_2 と O_2 に変換できれば（下記の反応），大気汚染を減らすのに役立つ．

[*1] 反応式は $N_2 + O_2 \rightarrow 2NO$．室温では進まないが，2500 ℃ 程度にもなるエンジンのなかでは進む．

$$2NO(g) \longrightarrow N_2(g) + O_2(g) \tag{8.1}$$

標準生成ギブスエネルギー（7章）を使うと，式(8.1)の標準反応ギブスエネルギー $\Delta_r G°$ は次の式(8.2)のように負だから，右向きが自発変化となる．

$$\begin{aligned}\Delta_r G° &= \Delta_f G°(N_2) + \Delta_f G°(O_2) - 2\Delta_f G°(NO) \\ &= 0 + 0 - 2 \times 86.55 \text{ kJ} = -173.1 \text{ kJ}\end{aligned} \tag{8.2}$$

ただし，$\Delta_r G° < 0$ だからといって，現実に反応が素早く進むわけではない．つまり，「進むならその向き」だと**熱力学**が教えても，現実に進むかどうかや，どんな速さで進むかはわからない．反応の速さ（速度）は，**反応速度論**（または，たんに**速度論**）で扱う．

反応(8.1)が起こるには，強い N–O 結合が切れなければならない．反応の開始に要するエネルギーを，**活性化エネルギー**という．反応(8.1)の活性化エネルギーは 250〜360 kJ mol^{-1} に及び，熱だけで反応を起こすには

3000〜5000 K もの高温を要する．反応物から生成物への途中に立ちはだかるエネルギーの「壁」を，活性化障壁ともいう（図8.1）．

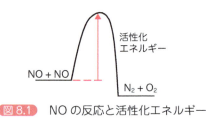

図8.1 NO の反応と活性化エネルギー

5000 K もの高温に耐える材料はないため，熱だけで反応（8.1）を進める余地はない．そこで，ロジウム Rh などの触媒を使う．触媒の表面に吸着した NO 分子は，N−O 結合が伸びて切れやすくなる結果，数百℃の温度で N_2 と O_2 に分解する．このように触媒は，新しい経路を用意して反応を進みやすくする．

*2 水溶液中で進む H_3O^+ と OH^- の（中和）反応とか，沈殿反応（$Ag^+ + Cl^- \rightarrow AgCl$ など）は，活性化エネルギーがきわめて小さいので速い．

活性化障壁がほとんどなく，速やかに進む反応もある[*2]．活性化障壁の高低は，活性化エネルギーの大小でほぼ決まる．活性化エネルギーの大きさを知るには，反応の速度を求める必要がある．

8.2　課題の設定：オゾン層の生成

ものが燃える，金属がさびるなど，身近で進む反応も，たいへん複雑な経路を通って進む．経路をひとつずつ特定し，それぞれが「どう進むのか」をつかめれば，複雑な反応も理解しやすくなる．

本章は，「地球の**オゾン層**はどのようにしてできるのか」の理解を最終目標とし，それに必要な基礎知識を学んでいこう．

地表から約 10 km までを対流圏，10〜50 km を成層圏とよぶ．空気は地表に近いほど濃く，高度が上がるほど薄くなる．ジェット機の巡航高度は，推進力を得るのに十分な密度と，空気抵抗が強すぎない密度との兼ね合いで，地表から約 10 km のあたりを選ぶ．

オゾン O_3 は，成層圏のうち高度 20〜30 km あたりに多い（オゾン層）．なぜ 20〜30 km なのだろう？　太陽の紫外線を吸収した酸素分子 O_2 は 2 個の酸素原子 O に分解し，反応 $O + O_2 \rightarrow O_3$ でオゾンができる．

O_2 を分解できる紫外線は，成層圏でほぼ全部が吸収されるため，地表に

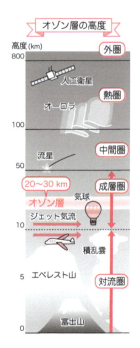

はまず届かない．かたや原料の O_2 は，高度とともに濃度が減る．紫外線が適度に強く，O_2 も適度に濃い高度が，オゾンの生成に適する．つまりジェット機の巡航高度と同じように，両者の兼ね合いで「オゾン層の高度」が決まると考えてよい．

　生じるオゾンの濃度は，関連する化学反応の速さが決める．だから，オゾン層のありさまを理解するには，大気中で進むいろいろな反応の速さ（反応速度）をきちんとつかむ必要がある．

◤ 8.3　一次反応，二次反応，三次反応 ◢

一次反応：反応物の時間変化

　気体の五酸化二窒素 N_2O_5 は，室温に放置した状態でも分解し，二酸化窒素 NO_2 と三酸化窒素 NO_3 になる．このように反応物と生成物が特定できている反応を，**素反応**という[*3]．

*3　一般に素反応の確定はむずかしいため，ある素反応を仮定し，実測結果からその当否を検証することが多い．

$$N_2O_5 \longrightarrow NO_2 + NO_3 \tag{8.3}$$

　分子 1 個が壊れていく式（8.3）のような反応は，ある時間内に，分子総数のうち「一定の割合」ずつ減っていく．たとえば，1 秒間に 10% ずつ分解するとしよう．最初の分子が 1000 個なら，1 秒後は 900 個，2 秒後は 900×0.9 ＝ 810 個，3 秒後は 810×0.9 ＝ 729 個…となる．体積が決まっていれば，分子の個数は「濃度」と考えてよい．

　N_2O_5 の濃度を $[N_2O_5]$，時間間隔を Δt と書こう．ある瞬間に濃度が減る勢い（$\frac{-\Delta[N_2O_5]}{\Delta t}$）は，その瞬間の濃度 $[N_2O_5]$ に比例するため，次の比例関係（8.4）が成り立つ．ここで α は左辺と右辺が比例することを示す．

$$\frac{-\Delta[N_2O_5]}{\Delta t} \propto [N_2O_5] \tag{8.4}$$

　一定時間内の濃度減少量が $[N_2O_5]$ に正比例するため，こうした反応を**一次反応**という．また，式（8.4）のような表記を**反応速度式**（またはたんに**速度式**）とよぶ[*4]．

*4　速度式は反応の「仕組み」を反映するため，総反応式を見ただけでは決まらない（実測結果から決める）．

　比例係数を k，時間間隔 Δt を無限小の dt とすれば，式（8.4）は簡単な微分方程式になる．それを解くと $[N_2O_5]$ は，時間 t に対し次の式（8.5）の指数関数で変わっていくとわかる（図 8.2．$[N_2O_5]_0$ は初濃度）．

$$[N_2O_5] = [N_2O_5]_0\, e^{-kt} \tag{8.5}$$

　比例係数 k を反応速度定数（または速度定数）という．上記の仮想的な例だと，「毎秒 10% ずつ減る」ため $k = 0.1\ \mathrm{s}^{-1}$ となる．k の大きい反応ほど速く進む．

　実測結果から k 値を求めたいときは，まず式（8.5）を式（8.6）のように書き

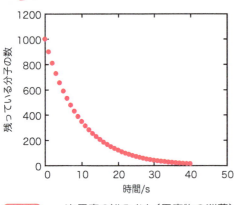

図 8.2 一次反応の進みかた(反応物の消費)

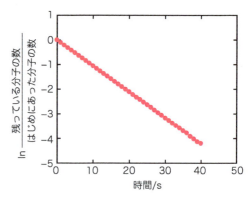

図 8.3 速度定数の決定に使うプロット(一次反応)

換える.

$$\frac{[N_2O_5]}{[N_2O_5]_0} = e^{-kt} \tag{8.6}$$

式(8.6)の両辺の自然対数をとろう.

$$\ln\frac{[N_2O_5]}{[N_2O_5]_0} = -kt \tag{8.7}$$

つまり,左辺の値と反応時間 t は直線関係にあり,直線の傾きが $-k$ に等しい(図 8.3).

> 【例題 8.1】 一次反応で,反応物の濃度が初期値の半分になる時間を半減期という.上記の例(速度定数 $k = 0.1\text{ s}^{-1}$)で半減期($t_{1/2}$)はいくらか.
> 【答】 時刻 t で $[N_2O_5]$ が初期値の半分になるから,次式が成り立つ.
> $$\frac{[N_2O_5]}{[N_2O_5]_0} = \frac{1}{2} = e^{-kt}$$
> 両辺の自然対数をとった結果($\ln\frac{1}{2} = -0.693 = -kt$)に $k = 0.1\text{ s}^{-1}$ を入れ,$t_{1/2} = 6.93\text{ s}$ を得る.

一次反応:生成物の時間変化

式(8.3)の反応が進めば,1分子の五酸化二窒素 N_2O_5 から1分子の二酸化窒素 NO_2 が生じる.すると,二酸化窒素の濃度は,次の関係式(8.8)に従って変わるだろう.

$$\frac{d[NO_2]}{dt} = k[N_2O_5] \tag{8.8}$$

ただし,もっと単純な扱いもできる.時刻 t での $[NO_2]$ は,分解した N_2O_5 の濃度 $[N_2O_5]$ に等しいはずだから,次の式(8.9)が成り立つ.

> **COLUMN !** アレニウスの式
>
> 反応速度のデータから速度定数がわかれば，反応の活性化エネルギーを求められる．速度定数 k と活性化エネルギー E_a は，定数 A（頻度因子，前指数因子），気体定数 R ($8.314\,\mathrm{J\,K^{-1}\,mol^{-1}}$)，温度 T を使った次式で結びつく．
>
> $$k = A\,e^{\frac{-E_a}{RT}}$$
>
> 上式を**アレニウスの式**という．温度が上がると，$\dfrac{E_a}{RT}$ が小さくなる結果，反応速度は増す．両辺の自然対数をとろう．
>
> $$\ln k = \frac{-E_a}{RT} + \ln A$$
>
> つまり，速度定数の対数が温度の逆数 $\dfrac{1}{T}$ と直線関係にあり（アレニウスプロット），直線の傾きが $\dfrac{-E_a}{R}$ を表す．
>
>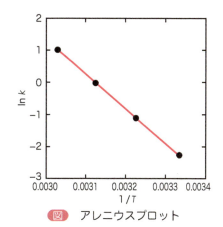
>
> **図** アレニウスプロット

$$[\mathrm{NO_2}] = [\mathrm{N_2O_5}]_0 - [\mathrm{N_2O_5}] \tag{8.9}$$

つまり，$[\mathrm{NO_2}]$ は次の式(8.10)に従って変わる[*5]．

$$\begin{aligned}[\mathrm{NO_2}] &= [\mathrm{N_2O_5}]_0 - [\mathrm{N_2O_5}] = [\mathrm{N_2O_5}]_0 - [\mathrm{N_2O_5}]_0\,e^{-kt} \\ &= [\mathrm{N_2O_5}]_0(1 - e^{-kt})\end{aligned} \tag{8.10}$$

[*5] $\mathrm{N_2O_5}$ はときに $2\mathrm{N_2O_5} \rightarrow 4\mathrm{NO_2} + \mathrm{O_2}$ と分解する．1分子の $\mathrm{N_2O_5}$ から2分子の $\mathrm{NO_2}$ ができるけれど，複数の反応が続く結果としてそうなると考えよう．素反応に「$\mathrm{N_2O_5} \rightarrow \mathrm{NO_2} + \mathrm{NO_3}$」や「$\mathrm{NO_3} + \mathrm{NO_3} \rightarrow 2\mathrm{NO_2} + \mathrm{O_2}$」もありうる．ここでは反応(8.3)だけを考えた．

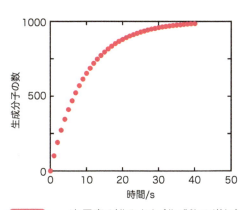

図 8.4 一次反応の進みかた（生成物の増加）

二次反応

ヨウ化水素 HI も室温で分解し，水素 $\mathrm{H_2}$ とヨウ素 $\mathrm{I_2}$ になる．

$$\mathrm{HI} \longrightarrow \frac{1}{2}\mathrm{H_2} + \frac{1}{2}\mathrm{I_2} \tag{8.11}$$

反応式は五酸化二窒素 N_2O_5 の分解と似ていても，反応の仕組みはちがう．実測の速度式は次の式(8.12)のようになる．

$$\frac{-\mathrm{d}[\mathrm{HI}]}{\mathrm{d}t} = k[\mathrm{HI}]^2 \tag{8.12}$$

反応物の減少速度が HI 濃度の 2 乗に比例するので，こうした反応を二次反応という．反応(8.11)の開始には HI 分子 2 個の衝突がからみ，衝突の頻度は $[\mathrm{HI}]^2$ に比例するから，反応の速さも $[\mathrm{HI}]^2$ に比例する．

式(8.12)を積分すれば，HI の濃度を x, 初濃度を $[\mathrm{HI}]_0$ として次の式(8.13)が得られる．

$$\frac{1}{x} - \frac{1}{[\mathrm{HI}]_0} = kt \tag{8.13}$$

HI の濃度は時間とともに減る．濃度が減ると，HI どうしの衝突頻度も減る．そのため濃度減少の勢いは，初期には大きいけれど，経過時間とともに弱まっていく(図 8.5)．

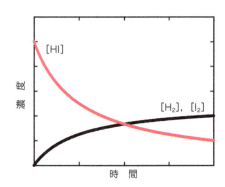

図 8.5　二次反応：生成物と反応物の濃度変化

Column！ 粒子の衝突頻度：思考実験

①〜⑩の番号を書いた球 10 個と，番号のない球 1000 個を箱に入れたとする．箱を振ったとき，「番号つきの球」どうしがどんな頻度で衝突するかを考えよう．たとえば球①は，残る 9 個と適当な頻度で衝突する．

次に球を 2 倍に増やし，番号を①〜⑳としよう．球①の相手は 19 個だから，10 個だったときに比べ，衝突頻度は約 2 倍になる．また，「番号つき球」の数も 2 倍だから，箱の中全体で衝突頻度は 4 倍に増す．大きさの決まった箱なら，球の数は「濃度」とみてもよいため，衝突頻度は「濃度の 2 乗」に比例するとわかる．

異種分子間の二次反応

異種分子どうしも，分子が衝突するからこそ反応する．たとえば一酸化窒素 NO とオゾン O_3 は反応し，二酸化窒素 NO_2 と酸素 O_2 になる．

$$NO + O_3 \longrightarrow NO_2 + O_2 \tag{8.14}$$

衝突頻度は濃度の積 $[NO][O_3]$ に比例するため，次の関係式 (8.15) が成り立つ．

$$\frac{-d[NO]}{dt} = \frac{d[NO_2]}{dt} \propto [NO][O_3] \tag{8.15}$$

比例係数を速度定数 k とすれば式 (8.16) のようになる．

$$\frac{-d[NO]}{dt} = k[NO][O_3] \tag{8.16}$$

速度定数 k は，「衝突する分子 2 個が現実に反応を起こす割合」だと考えておこう．

擬一次反応

オゾン分子 O_3 が過剰にあり，一酸化窒素分子 NO がかなり少ない状況で反応 (8.14) が進むとしよう．反応が進んでも，オゾンの濃度はほとんど変わらない．そこでオゾンの濃度 $[O_3]$ を一定値（初濃度 $[O_3]_0$）と見なし，速度式を (8.17) のように書く．

$$\frac{-d[NO]}{dt} = k[O_3]_0[NO] = k'[NO] \tag{8.17}$$

k も $[O_3]_0$ も一定値なので，二つの積を定数 k' と置き換えた．式 (8.17) では反応速度が NO の濃度 $[NO]$ に対して 1 乗で正比例（一次という）するので，こうした反応を**擬一次反応**とよぶ．

【例題 8.2】 二次反応の速度定数は $L\ mol^{-1}\ s^{-1}$ という単位をもつ．擬一次反応の速度定数の単位はどうなるか．

【答】 式 (8.17) の $k' = k[O_3]_0$ で，k が $L\ mol^{-1}\ s^{-1}$ 単位，$[O_3]_0$ が $mol\ L^{-1}$ 単位だから，かけあわせた k' の単位は s^{-1} となる．

三次反応

酸素原子 2 個が近づいて電子を共有すれば，安定な酸素分子ができる．ただし，「近づくだけ」で結合はできない．結合形成は「エネルギー低下」を伴うため，余分なエネルギーを「捨てる」道がなければいけない．

すぐそばに何かがあれば，衝突してエネルギーを渡せる．そうした役目をする原子や分子を，**反応の第三体**という[*6]．空気の薄い成層圏だと，たとえば窒素分子 N_2 が「第三体」になれる．こうして，酸素分子の生成は次の反応式に書ける[*7]．

$$O + O + N_2 \longrightarrow O_2 + N_2 \tag{8.18}$$

反応 (8.18) を起こす衝突の頻度は，O 原子濃度の 2 乗 $[O]^2$ と，N_2 分子濃度 $[N_2]$ に比例するため，次式 (8.19) が成り立つ．

$$\frac{d[O_2]}{dt} \propto [O]^2[N_2] \tag{8.19}$$

比例係数を速度定数 k とすれば式 (8.20) のようになる．

$$\frac{d[O_2]}{dt} = k[O]^2[N_2] \tag{8.20}$$

式 (8.20) は酸素原子の濃度 $[O]$ に対して 2 乗，窒素分子の濃度 $[N]$ に対して 1 乗で正比例するので，反応 (8.18) を**三次反応**という．

> [*6] 常圧に近ければ，分子間の衝突頻度は十分に高く（常温の空気中で 1 個の N_2 分子は，他の N_2 分子や O_2 分子と毎秒 60 億回ほど衝突），それがエネルギーの始末を助ける．成層圏のような低密度の空間でも，何かがその役目をすると考えられる．

> [*7] 素反応は通常，出来事を「そのまま」式に表す（$2O + N_2 \to O_2 + N_2$ とはしない）．

◢ 8.4　素反応のつながり ◣

いままでは，ある 1 個の素反応について，反応物や生成物の濃度がどんな時間変化をするのか眺めてきた．反応は通常，いくつかの素反応がからみあって進む．以下，そうした場合の扱いを考えよう．

逐次反応

不安定な同位体の核（放射性核種）は，エネルギーを出して安定な状態になろうとする（核の**放射壊変**）．連鎖反応の形で進む放射壊変を制御し，放出エネルギーを発電につなげるのが原発にほかならない．

天然の重い核種も放射壊変を示し，核の陽子数が変わる壊変は「元素変換」を伴う．たとえば，^{235}U（半減期 7.04×10^8 年）$\to$ ^{231}Th（同 22.5 時間）$\to$ ^{231}Pa（同 3.3×10^4 年）$\to$ $^{227}Ac \to \cdots$ のような**壊変系列**が知られる．そういう連続的な変化は，どう解析するのだろう？

物質 3 種が「A $\to$ B $\to$ C」と変わる反応を，**逐次反応**（継起反応）という．A $\to$ B だけの場合，生成物 B の量（濃度）は 0 から増えて一定値に近づく．しかし B がさらに C へと変わるなら，B の量（濃度）は，どこかで最大値を迎え，以後は減っていく．また C の濃度は，B ができ始めてからゆっくり

と増え，やがて一定値に近づくだろう（図8.6）．

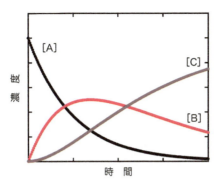

図8.6 逐次反応 A → B → C：反応物と生成物の時間変化

逐次反応の解析

逐次反応 A → B → C の扱いを考えよう．A からみると B は生成物だから，以下の速度式が成り立つ．

$$\frac{d[B]}{dt} \propto [A] \tag{8.21}$$

かたや C からみると B は反応物なので，式(8.22)が成り立つ．

$$\frac{-d[B]}{dt} \propto [B] \tag{8.22}$$

A → B と B → C が同時に起きているため，速度定数をそれぞれ k_1, k_2 とすれば，次のように書ける．

$$\frac{d[B]}{dt} = k_1[A] - k_2[B] \tag{8.23}$$

右辺の第1項が「A → B」を，第2項が「B → C」を表す．微分方程式(8.23)は簡単に解けて，A の初濃度 $[A]_0$ を使えば，[A]，[B]，[C] の時間変化が次の式(8.24)のように求まる．

$$\begin{aligned}[A] &= [A]_0 e^{-k_1 t} \\ [B] &= [A]_0 \frac{k_1}{k_1 - k_2}(e^{-k_2 t} - e^{-k_1 t}) \\ [C] &= [A]_0 \left[1 + \frac{1}{k_1 - k_2}(k_2 e^{-k_1 t} - k_1 e^{-k_2 t})\right]\end{aligned} \tag{8.24}$$

図8.6の曲線は，上式(8.24)のグラフにほかならない．

定常状態近似

B → C が A → B よりずっと速く，たとえば $k_2 = 10\,k_1$ だと，[A]，[B]，[C]

の時間変化は図8.7の姿になる．Bは，生じたらほぼ瞬間的にCへと変わると考えてよい．

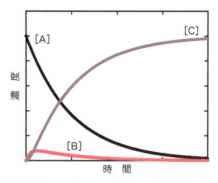

図8.7 逐次反応 A → B → C で B → C が速い場合の時間変化

B → C が A → B よりずっと速く（$k_1 \ll k_2$），[B] がほぼ一定にとどまると考えるのを，**定常状態近似**という．放射性核種の壊変系列（前節）「^{235}U（半減期 7.04×10^8 年）→ ^{231}Th（22.5 時間）→ ^{231}Pa（3.3×10^4 年）」でも，半減期がぐっと短い ^{231}Th は，ほぼ一定の超低濃度だとみてよい．逐次反応 A → B → C なら，次式(8.25)が成り立つ．

$$\frac{d[B]}{dt} = k_1[A] - k_2[B] = 0 \tag{8.25}$$

定常状態近似は，素反応がいくつも複雑にからみあう変化を解析する際，反応の大枠をつかむのによく使う．

並列反応

ある反応物 A から，2種類の生成物 B と C ができる反応もある〔式(8.26)〕．

$$\begin{aligned} A &\longrightarrow B \\ A &\longrightarrow C \end{aligned} \tag{8.26}$$

こうした反応を**並列反応**という．Aの行き先は二つに分岐し，生成物BもCも，Aの一次反応産物とみなせる．

$$\begin{aligned} \frac{d[B]}{dt} &\propto [A] \\ \frac{d[C]}{dt} &\propto [A] \end{aligned} \tag{8.27}$$

速度定数をそれぞれ k_1，k_2 とすれば，速度式は式(8.28)のように書ける．

$$-\frac{d[A]}{dt} = k_1[A] + k_2[A] \tag{8.28}$$

Aは時刻 t の指数関数で減り，その分だけBとCが増していく．生じる
BとCの濃度は一定の比率（分岐比）となる（図8.8）．

$$[B]:[C] = k_1 : k_2 \tag{8.29}$$

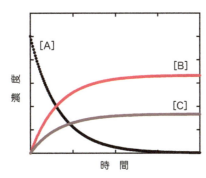

図8.8　並列反応：生成物と反応物の時間変化

【例題 8.3】 上記の並列反応で，A，B，Cの濃度は時間とともにどう変わるか．Aの初濃度を $[A]_0$ とせよ．

【答】 Aの濃度は，一次反応のときと同様，次のように変わる．

$$[A] = [A]_0 e^{-(k_1+k_2)t}$$

BとCの総濃度は，反応して消えたAの濃度に等しい．

$$[B]+[C] = [A]_0(1-e^{-(k_1+k_2)t})$$

BとCの内訳は $[B]:[C] = k_1:k_2$ だから，Bの濃度は次のように書ける．

$$[B] = [A]_0 \frac{k_1}{k_1+k_2}(1-e^{-(k_1+k_2)t})$$

8.5　図解でみる反応タイプ

逐次反応と並列反応を含む一次反応を，水槽を使う図解でつかもう．いちばん単純な一次反応（反応物1種 → 生成物1種）は，図8.9のイメージになる．

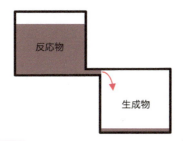

図8.9　反応物 → 生成物の水槽モデル

同じモデルで逐次反応は図8.10のように描ける．A，B，Cを表す水槽3個を水が連続して流れる．A−B間やB−C間をつなぐ管の太さが，速度定数の大小にあたる．A−B間の管が細ければ，A → Bの水量は少ない．ただしB−C間の管が太いと，Bに流れこんだ水はたちまちCに流れこむため，Bに貯まる量は少ない．

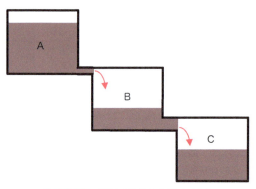

図8.10　逐次反応の水槽モデル

並列反応は，図8.11のように描ける．水はA → BかA → Cと流れ，A−B間とA−C間をつなぐ管の太さ（速度定数の大小）が，流れる水の量を決める．

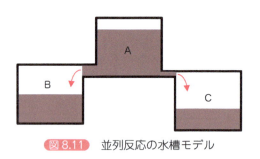

図8.11　並列反応の水槽モデル

8.6　オゾン生成のモデル

以上の知識を使い，大気中で進む**オゾン生成**の仕組み（通称「チャップマンモデル」）を考えよう．まず，短波長の紫外線を吸収した酸素分子O_2が，次のように分解する（光解離）．

① $O_2 \longrightarrow 2O$
一次反応：速度定数k_1（紫外線の強さを反映）

生じた酸素原子Oが酸素分子と反応し，オゾンO_3をつくる．

② $O + O_2 + M \longrightarrow O_3$

三次反応：速度定数 k_2

M は反応の第三体 (p.114) を表す（通常は窒素分子 N_2 や酸素分子 O_2). 生じたオゾンは光を吸収し，酸素原子と酸素分子に分解する．

③ $O_3 \longrightarrow O + O_2$
一次反応：速度定数 k_3

あるいは，酸素原子と結合して 2 個の酸素分子になる．

④ $O_3 + O \longrightarrow 2O_2$
二次反応：速度定数 k_4

反応にかかわる酸素原子 O とオゾン分子 O_3 の生成・消失に注目すれば，図 8.12 と図 8.13 ができる．O も O_3 も活性がたいへん高いため，行う反応の速度定数は大きい．そこで，O と O_3 の濃度をほぼ一定とみた定常状態近似を使おう．

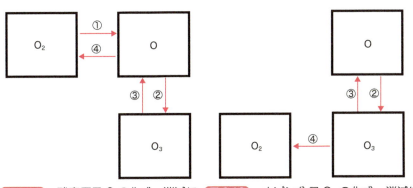

図 8.12 酸素原子 O の生成・消滅に着目した反応の流れ　**図 8.13** オゾン分子 O_3 の生成・消滅に着目した反応の流れ

$$\frac{d[O]}{dt} = 2k_1[O_2] - k_2[O][O_2][M] + k_3[O_3] - k_4[O_3][O] = 0 \quad (8.30)$$
$$\frac{d[O_3]}{dt} = k_2[O][O_2][M] - k_3[O_3] - k_4[O_3][O] = 0 \quad (8.31)$$

両式を足せば次式 (8.32) になる．

$$2k_1[O_2] - 2k_4[O_3][O] = 0 \quad (8.32)$$

簡単な変形で次の関係式 (8.33) を得る．

$$[O] = \frac{k_1[O_2]}{k_4[O_3]} \quad (8.33)$$

式 (8.33) を式 (8.31) に代入すれば，オゾンの濃度 $[O_3]$ を未知数とする次の

二次方程式(8.34)ができる.

$$k_3 k_4 [O_3]^2 + k_1 k_4 [O_2][O_3] - k_1 k_2 [O_2]^2 [M] = 0 \tag{8.34}$$

二次方程式を解き, 高度 20 〜 80 km で実測された速度定数を代入したあと近似すれば, $[O_3]$ はおよそ次の式(8.35)で表せる.

$$[O_3] \propto \sqrt{k_1}[O_2] \tag{8.35}$$

つまりオゾンの濃度 $[O_3]$ は, 紫外線による O_2 光解離の速度定数と, 酸素濃度の二つで決まる.

地表からの高さで酸素 O_2 とオゾン O_3 の濃度がどう変わるかを, 図 8.14 に描いた. O_2 の濃度は上空に向かって単調に減る. かたや O_2 が吸収する紫外線は, 上空ほど強い. 紫外線のうち波長が短い UV-c は, O_2 に吸収されるため, 大気の底層には届かない. 以上の結果として O_3 濃度は, 成層圏の 20 〜 30 km 付近で最高になる. チャップマンモデルをもとにした計算値(破線)は, O_3 濃度の実測値(実線)とかなりよく合う.

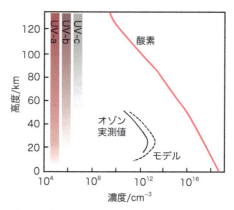

図 8.14 オゾンの数密度：実測値と計算結果(チャップマンモデル)

1. ヨウ化水素 HI の分解(次式)で生じる H_2 の濃度は, 反応時間 t とどのような関係にあるか.

$$\text{HI} \longrightarrow \frac{1}{2}\text{H}_2 + \frac{1}{2}\text{I}_2$$

2. 大気成分の濃度は, ときに 1 cm³ 中の分子数(単位 cm⁻³)で表す. 一酸化窒素 NO とオゾン O_3 は, 速度定数 1.8×10^{-14} cm³ s⁻¹ の二次反応をする. 1 cm³ の容器に 1.0×10^{10} 個ずつの NO と O_3 を入れたとき, 最初の 1 秒間に反応する NO の割合はいくらか. また, 共通の分子数が 1.0×10^{11} 個ならどうか.

3. 二次方程式(8.34)を解き, オゾン濃度が式(8.35)のように近似できるのを確かめよ.

9章 化学平衡

- 物質の「変身しやすさ」は，どんな量で表現できるのか？
- 異種の気体は，なぜひとりでに混じりあうのか？
- 平衡状態は，どのようにすれば定量的に表せるのか？
- 物質の活量とは，どのようなものか？
- 溶液中の化学平衡は，どのように扱えばよいか？

9.1 変化の向きと $\Delta_r G°$

窒素 N_2 と水素 H_2 からアンモニア NH_3 ができる反応を考えよう．

$$\frac{1}{2}N_2(g) + \frac{3}{2}H_2(g) \longrightarrow NH_3(g) \tag{9.1}$$

25 ℃で標準反応ギブズエネルギー $\Delta_r G°$ は -16.45 kJ だから，反応は右に進む．工業合成では温度を 500 ℃程度に上げるが，$\Delta_r H°$ も $\Delta_r S°$ も温度によらなければ，500 ℃（773 K）での $\Delta_r G°$ は正値になってしまう．

$$\begin{aligned}
\Delta_r G° &= \Delta_r H° - T\Delta_r S° \\
&= -46.11\,\text{kJ} - (773\,\text{K}) \times (-99.38 \times 10^{-3}\,\text{kJ K}^{-1}) \\
&\approx +30\,\text{kJ}
\end{aligned} \tag{9.2}$$

実際は $\Delta_r H°$ が少し減るため，$\Delta_r G°$ 値は正の度合いが少し減って 0 に近づく．温度を上げると，反応の駆動力 $\Delta_r G°$ は不都合な向き（正側）に動くけれど，反応が速まって合成の効率が上がる．

自発変化は $\Delta_r G° < 0$ の向きに進み，$\Delta_r G° > 0$ なら逆向きが自発変化なのだった（7 章）．$\Delta_r G°$ が 0 に近ければ，両向きとも適度な速さで進む**化学平衡**になる．以下，化学平衡を決める要因について考えよう．定式化しやすい理想気体をまず扱い，結果を後半で気体以外の系にも適用する[*1]．

[*1] たとえば水中の溶質も，「真空中を飛び回る粒子の集団」という点では気体分子と変わりない．

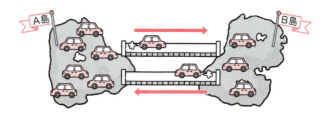

9.2 化学ポテンシャル

9.1 節では反応ギブズエネルギー $\Delta_r G^\circ$ を考えた．反応系のように，成分が複数あり，しかも成分が変化する場合は，「成分それぞれのギブズエネルギー」というものを考えるとよい．「物質 1 mol のギブズエネルギー」を**化学ポテンシャル**といい，記号 μ で表す[*2]．

成分 A の量(mol)が n_A，成分 B の量が n_B なら，混合系のギブズエネルギー G は，量論係数をかけた μ_A と μ_B の総和に等しい．

$$G = n_A \mu_A + n_B \mu_B \tag{9.3}$$

各成分の化学ポテンシャルは，標準生成ギブズエネルギー $\Delta_f G^\circ$ のような定数部分に，標準状態からのズレを足した式(9.4)の形に書ける．

$$\mu = \mu^\circ + RT\ln\frac{P}{P^\circ} \tag{9.4}$$

μ°（標準化学ポテンシャル）は，標準状態($P^\circ = 1$ bar ≈ 1 atm)にある物質 1 mol の化学ポテンシャルを指す．$P = 1$ bar なら $P = P^\circ$ となり，μ は μ° に等しい．

$$\mu = \mu^\circ + RT\ln\frac{P^\circ}{P^\circ} = \mu^\circ + RT\ln 1 = \mu^\circ \tag{9.5}$$

理想気体を考えよう．温度が 0 ℃[*3]なら，標準状態 $P^\circ = 1$ bar の気体 1 mol は約 22.4 L を占める．体積 2 倍(44.8 L)の容器に気体をゆっくり移せば，圧力が $\frac{1}{2}P^\circ$ に減る結果，化学ポテンシャル μ は次の値になる．

$$\begin{aligned}\mu &= \mu^\circ + RT\ln\frac{\frac{1}{2}P^\circ}{P^\circ} = \mu^\circ + RT\ln\frac{1}{2} \\ &= \mu^\circ + (8.314 \text{ J K}^{-1}\text{mol}^{-1})\times(298\text{K})\times(-0.693) \\ &= \mu^\circ - 1.72 \text{ kJ mol}^{-1}\end{aligned} \tag{9.6}$$

するとギブズエネルギーは，次の値だけ変わる．

$$\Delta G = (1\text{ mol})\times[(\mu^\circ - 1.72\text{ kJ mol}^{-1}) - \mu^\circ] = -1.72\text{ kJ} \tag{9.7}$$

[*2] μ は物質 1 mol の「変身しやすさ」を表すと考えよう．μ の絶対値は決まらないが，反応に伴う変化分($\Delta\mu$)だけに注目するため，「定数部分」は気にしなくてよい．

[*3] 日本の高校では「0 ℃，1 atm」を気体の標準状態と教えるが，物理化学でその流儀は使わない．なお「25 ℃，1 atm」での体積(約 25 L)を覚えておけば，「気体 1 m³ は 40 mol」となって暗算しやすい．

このように気体の化学ポテンシャルは圧力で変わり，圧力が減るとギブズエネルギーは負のほうに動く．$\Delta G < 0$ は「安定化」の向きだから，式(9.4)の $RT\ln(P/P^\circ)$ 項は，粒子が「広がりたがる」性質を表す．

混合とギブズエネルギー変化

反応(9.1)では，まず反応物の窒素と水素を混ぜる．粒子が「広がりたがる」性質を考えつつ，混合に伴うギブズエネルギー変化を眺めよう．

二つに仕切った容器それぞれに，0℃，1 bar で 1 mol（22.4 L）ずつの水素と窒素を入れる（図9.1）．仕切ったままだと，それぞれの圧力は P° のままなので，総ギブズエネルギーは式(9.8)のように書ける．

$$
\begin{aligned}
G_{前} &= \mu^\circ_{H_2} + RT\ln\frac{P^\circ}{P^\circ} + \mu^\circ_{N_2} + RT\ln\frac{P^\circ}{P^\circ} \\
&= \mu^\circ_{H_2} + \mu^\circ_{N_2}
\end{aligned}
\tag{9.8}
$$

仕切りをとれば，体積は 44.8 L，全圧は $P^\circ = 1$ bar だが，分圧は P_{H_2} も P_{N_2} も 0.5 bar に減る．すると混合後の総ギブズエネルギーは式(9.9)のようになる．

$$
\begin{aligned}
G_{後} &= \mu^\circ_{H_2} + RT\ln 0.5 + \mu^\circ_{N_2} + RT\ln 0.5 \\
&= \mu^\circ_{H_2} + \mu^\circ_{N_2} + 2RT\ln 0.5
\end{aligned}
\tag{9.9}
$$

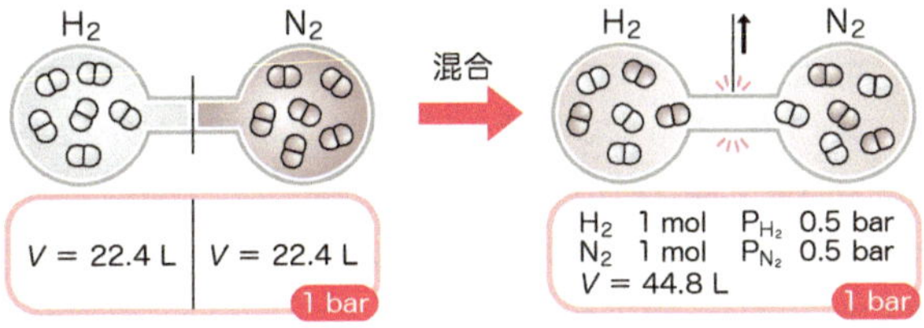

図9.1 水素と窒素の混合

つまり気体を混合すると，次のようにギブズエネルギーは 3.15 kJ だけ減る（その分だけ粒子集団が安定化する）．

$$
\begin{aligned}
\Delta G &= G_{後} - G_{前} = 2RT\ln 0.5 \\
&= 2\,\text{mol} \times 8.31\,\text{JK}^{-1}\text{mol}^{-1} \times 273.15\,\text{K} \times \ln 0.5 \\
&= -3.15\,\text{kJ}
\end{aligned}
\tag{9.10}
$$

一般化しよう．仕切りつき容器に 0℃，1 bar の気体 A と気体 B をあわせて 1 mol（22.4 L）入れる．モル分率は A が x_A，B が x_B（$x_A + x_B = 1$）とする．混合前の総ギブズエネルギーは，次式(9.11)のように書ける．

$$
\begin{aligned}
G_{前} &= x_A\left(\mu^\circ_A + RT\ln\frac{P^\circ}{P^\circ}\right) + x_B\left(\mu^\circ_B + RT\ln\frac{P^\circ}{P^\circ}\right) \\
&= x_A\mu^\circ_A + x_B\mu^\circ_B
\end{aligned}
\tag{9.11}
$$

気体 A と気体 B の分圧は $x_A P^\circ$ と $x_B P^\circ$ だから，混合後の総ギブズエネル

ギーは式 (9.12) のようになる.

$$G_{後} = x_A\left(\mu_A^\circ + RT\ln\frac{x_A P^\circ}{P^\circ}\right) + x_B\left(\mu_B^\circ + RT\ln\frac{x_B P^\circ}{P^\circ}\right)$$
$$= x_A \mu_A^\circ + x_B \mu_B^\circ + x_A RT \ln x_A + x_B RT \ln x_B \quad (9.12)$$

すると混合による ΔG は次の式 (9.13) のように書ける.

$$\Delta G = G_{後} - G_{前}$$
$$= x_A RT \ln x_A + x_B RT \ln x_B = RT(x_A \ln x_A + x_B \ln x_B) \quad (9.13)$$

ΔG と x_A の関係を図 9.2 に描いた. G は混合で減り,当量混合物 ($x_A = 0.5$) のとき最小になる.

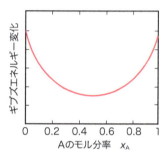

図 9.2 混合による ΔG と x_A (A のモル分率) の関係

【例題 9.1】 式 (9.13) を x_A で微分し,$x_A = 0.5$ で ΔG が最小になるのを確かめよ ($x_B = 1 - x_A$ に注意).

【答】 $x_B = 1 - x_A$ を入れた $\Delta G = RT[x_A \ln x_A + (1-x_A)\ln(1-x_A)]$ を x_A で微分すると,$d\Delta G/dx_A = RT\left[\ln x_A + \frac{x_A}{x_A} - \ln(1-x_A) - \frac{(1-x_A)}{(1-x_A)}\right] = RT\ln\frac{x_A}{1-x_A}$ を得る.それを 0 とおけば $\frac{x_A}{1-x_A} = 1$ だから,$x_A = 0.5$ となる.

9.3 反応の進行度

アンモニアの合成反応 (9.1) が少しずつ進むとして,進行の度合いと組成の関係を考える.はじめに窒素 1 mol と水素 3 mol があって,反応によりアンモニア 2 mol になるとする.未反応の状況を進行度 0,全部がアンモニアになった状況を進行度 1 としよう.

反応の進行度を ξ(グザイ)と書けば,反応途中で物質が示す量 n (mol) は,$n_{N_2} = 1 - \xi$, $n_{H_2} = 3(1-\xi)$, $n_{NH_3} = 2\xi$ だから,足しあわせて全体の量 $n_{全}$ は次の式 (9.14) のようになる.

$$n_{全}(\text{mol}) = (1-\xi) + 3(1-\xi) + 2\xi = 4 - 2\xi \quad (9.14)$$

以上のことを表 9.1 にまとめた.

表 9.1 反応の進行度と関係する物質の量

進行度 ξ	0	0.2	0.4	0.6	0.8	1
N_2(mol)	1	0.8	0.6	0.4	0.2	0
H_2(mol)	3	2.4	1.8	1.2	0.6	0
NH_3(mol)	0	0.4	0.8	1.2	1.6	2
計(mol)	4	3.6	3.2	2.8	2.4	2

反応の進行とギブズエネルギー

アンモニア合成の進行度が ξ のとき，各物質のモル分率は式 (9.15) のようになる.

$$
\begin{aligned}
N_2 &: x_{N_2} = \frac{1-\xi}{4-2\xi} \\
H_2 &: x_{H_2} = \frac{3(1-\xi)}{4-2\xi} \\
NH_3 &: x_{NH_3} = \frac{2\xi}{4-2\xi}
\end{aligned}
\tag{9.15}
$$

反応は，気体の全圧が常に 1 bar という条件で進行するとすれば，化学ポテンシャルは次の式 (9.16) のように書ける.

$$
\begin{aligned}
\mu_{N_2} &= \mu^\circ_{N_2} + RT\ln\frac{1-\xi}{4-2\xi} \\
\mu_{H_2} &= \mu^\circ_{H_2} + RT\ln\frac{3(1-\xi)}{4-2\xi} \\
\mu_{NH_3} &= \mu^\circ_{NH_3} + RT\ln\frac{2\xi}{4-2\xi}
\end{aligned}
\tag{9.16}
$$

以上から，反応系の総ギブズエネルギー G は次の式 (9.17) ようになる.

$$
\begin{aligned}
G =\ & n_{N_2}\mu_{N_2} + n_{H_2}\mu_{H_2} + n_{NH_3}\mu_{NH_3} \\
=\ & (1-\xi)\left(\mu^\circ_{N_2} + RT\ln\frac{1-\xi}{4-2\xi}\right) \\
& + 3(1-\xi)\left(\mu^\circ_{H_2} + RT\ln\frac{3(1-\xi)}{4-2\xi}\right) \\
& + 2\xi\left(\mu^\circ_{NH_3} + RT\ln\frac{2\xi}{4-2\xi}\right)
\end{aligned}
\tag{9.17}
$$

G と ξ の関係を図 9.3 に描いた (p.126). ξ が増すにつれて G は減り，$\xi = 0.97$ のあたりで最小となったあと増加に転じる.

9.4 平衡状態

ギブズエネルギー G が極小点 (図 9.3) に達すると，前進，後退のどちらも G を増やす. つまり反応系は G の極小点で平衡状態に達する. 平衡状態では，正反応と逆反応が同じ速さで進み，見た目の組成は変わらない.

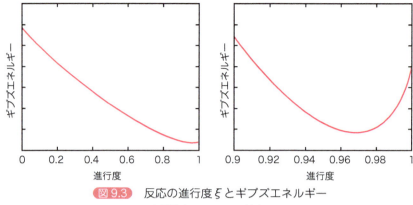

図 9.3 反応の進行度 ξ とギブズエネルギー
右図は $\xi = 0.9 \sim 1$ の拡大.

$$\text{正反応：} N_2 + 3H_2 \longrightarrow 2NH_3 \tag{9.18}$$
$$\text{逆反応：} 2NH_3 \longrightarrow N_2 + 3H_2$$

9.3 節の考察を一般化しよう．量論係数が $a \sim d$ の反応を考える．

$$a\text{A} + b\text{B} \longrightarrow c\text{C} + d\text{D} \tag{9.19}$$

定温定圧下で反応が進み，A〜D の量 n (mol) が $\Delta n_A \sim \Delta n_D$ だけ変わったとする（Δn_A と Δn_B は負値，Δn_C と Δn_D は正値）．そのときギブズエネルギーは次の式 (9.20) のように変わる．

$$\Delta G = \mu_A \Delta n_A + \mu_B \Delta n_B + \mu_C \Delta n_C + \mu_D \Delta n_D \tag{9.20}$$

量の変化は，反応の進行度 ξ を使って式 (9.21) のように表せる．

$$\begin{aligned}\Delta n_A &= -a\Delta\xi \\ \Delta n_B &= -b\Delta\xi \\ \Delta n_C &= c\Delta\xi \\ \Delta n_D &= d\Delta\xi\end{aligned} \tag{9.21}$$

以上を式 (9.20) に代入しよう．

$$\begin{aligned}\Delta G &= -\mu_A a\Delta\xi - \mu_B b\Delta\xi + \mu_C c\Delta\xi + \mu_D d\Delta\xi \\ &= (-a\mu_A - b\mu_B + c\mu_C + d\mu_D)\Delta\xi\end{aligned} \tag{9.22}$$

平衡の条件 $dG/d\xi = 0$ から，次の関係式 (9.23) が得られる．

$$-a\mu_A - b\mu_B + c\mu_C + d\mu_D = 0 \tag{9.23}$$

それを書き換えれば次の式 (9.24) のようになる[*4]．

$$a\mu_A + b\mu_B = c\mu_C + d\mu_D \tag{9.24}$$

[*4] 式 (9.24) は「$\Sigma G_{左辺} = \Sigma G_{右辺}$」と解釈できる．

アンモニア合成の平衡

前節の話と式(9.24)をアンモニア合成に当てはめ，平衡状態の姿を探ろう．式(9.24)の具体形は次の式(9.25)のようになる．

$$\mu_{N_2} + 3\mu_{H_2} = 2\mu_{NH_3} \tag{9.25}$$

平衡が成り立っているとき $\xi = \xi_{eq}$ とおくと，式(9.16)を代入する．

$$\left(\mu^\circ_{N_2} + RT\ln\frac{1-\xi_{eq}}{4-2\xi_{eq}}\right) + 3\left(\mu^\circ_{H_2} + RT\ln\frac{3(1-\xi_{eq})}{4-2\xi_{eq}}\right)$$
$$= 2\left(\mu^\circ_{NH_3} + RT\ln\frac{2\xi_{eq}}{4-2\xi_{eq}}\right) \tag{9.26}$$

整理して次の式(9.27)を得る．

$$2\mu^\circ_{NH_3} - \mu^\circ_{N_2} - 3\mu^\circ_{H_2}$$
$$= -RT\left(-\ln\frac{1-\xi_{eq}}{4-2\xi_{eq}} - 3\ln\frac{3(1-\xi_{eq})}{4-2\xi_{eq}} + 2\ln\frac{2\xi_{eq}}{4-2\xi_{eq}}\right) \tag{9.27}$$

左辺は「標準状態の反応ギブズエネルギー」だから $\Delta_r G^\circ$ に等しい．右辺の対数項は次の式(9.28)のように整理できる．

$$\Delta_r G^\circ = -RT\ln\frac{(4-2\xi_{eq})(4-2\xi_{eq})^3(2\xi_{eq})^2}{(1-\xi_{eq})3^3(1-\xi_{eq})^3(4-2\xi_{eq})^2}$$
$$= -RT\ln\frac{16(2-\xi_{eq})^2\xi_{eq}^2}{27(1-\xi_{eq})^4} \tag{9.28}$$

以上から，次の関係式(9.29)が成り立つ．

$$\frac{16(2-\xi_{eq})^2\xi_{eq}^2}{27(1-\xi_{eq})^4} = e^{-\frac{\Delta_r G^\circ}{RT}} \tag{9.29}$$

既知の $\Delta_r G^\circ = -16.5$ kJ を使い[*5]，R と T(298 K)を数値化すれば，右辺は 6.0×10^5 となる．数値計算で出る $\xi_{eq} = 0.97$ は，図9.3の極小点に合う．

> [*5] 式(9.25)で右辺の係数が2，つまりアンモニアは2 mol 生成するので，ΔG° は -16.5 kJ の2倍になる．したがって，
> $$e^{-\frac{16500\times 2}{8.314\times 298.15}} = 6.0 \times 10^5$$

9.5 平衡定数

化学ポテンシャルと平衡の関係をまた考えよう．気体の場合，成分それぞれの化学ポテンシャルは式(9.30)のように書ける．

$$\mu_i = \mu^\circ_i + RT\ln P_i \tag{9.30}$$

P_i は各成分の分圧だが，対数記号のなかは「ただの数」だから，「標準圧力 $P^\circ = 1$ bar で割ってある」と解釈する(分圧が 0.5 bar なら $P_i = 0.5$)．式(9.30)を式(9.24)に代入しよう．

$$a(\mu^\circ_A + RT\ln P_A) + b(\mu^\circ_B + RT\ln P_B)$$
$$= c(\mu^\circ_C + RT\ln P_C) + d(\mu^\circ_D + RT\ln P_D) \tag{9.31}$$

整理して次の式(9.32)を得る.

$$-a\mu_A^\circ - b\mu_B^\circ + c\mu_C^\circ + d\mu_D^\circ = -RT\ln\frac{P_C^c P_D^d}{P_A^a P_B^b} \tag{9.32}$$

先ほどと同様,左辺は $\Delta_r G^\circ$ に等しい.右辺にある対数の中身を,記号で K_p と書こう[*6].

*6 式(9.33)を「化学平衡の式」や「質量作用の法則」という.

$$\frac{P_C^c P_D^d}{P_A^a P_B^b} = K_p \tag{9.33}$$

$$(a\times\circ)+(b\times\bullet) \rightleftharpoons (c\times\circ)+(d\times\bullet) \qquad \frac{(P_{\circ\circ})^c(P_{\bullet\bullet})^d}{(P_{\circ\circ})^a(P_{\bullet\bullet})^b} = K_p$$

K_p を**平衡定数**とよぶ.K_p は,温度が決まると反応に特有な一定値をもつ.以上をまとめれば,次の関係式(9.34)が成り立つ[*7].

*7 式(9.34)は,平衡に関係する熱力学の情報を凝縮したものだから,「化学熱力学の基本式」とよぶことがある.

$$\Delta_r G^\circ = -RT\ln K_p \tag{9.34}$$

$$K_p = e^{\frac{-\Delta_r G^\circ}{RT}} \tag{9.35}$$

なお,平衡反応 $aA + bB \rightleftharpoons cC + dD$ が素反応(8章)を表すなら,正反応の速度定数 k^+ と逆反応の速度定数 k^- を使い,それぞれの速度(v^+, v^-)は次の式(9.36)のように書ける[*8].

*8 実測の速度式に合うと仮定している.

$$v^+ = k^+ P_A^a P_B^b$$
$$v^- = k^- P_C^c P_D^d \tag{9.36}$$

平衡状態では,正反応と逆反応の速度が等しい.

$$k^+ P_A^a P_B^b = k^- P_C^c P_D^d \tag{9.37}$$

上式を変形すれば,分圧と平衡定数が次のように結びつき,平衡定数は正反応と逆反応の速度定数の比に等しいとわかる.

$$\frac{k^+}{k^-} = \frac{P_C^c P_D^d}{P_A^a P_B^b} = K_p \tag{9.38}$$

【例題 9.2】 $NO_2(g)$ の $\Delta_f G^\circ$ を $+51.3\ kJ\ mol^{-1}$,$N_2O_4(g)$ の $\Delta_f G^\circ$ を $+97.9\ kJ\ mol^{-1}$ として,反応 $2NO_2(g) \rightleftharpoons N_2O_4(g)$ の平衡定数を計算せよ.

【答】 標準反応ギブズエネルギーは $\Delta_r G^\circ = 1\ mol\times97.9\ kJ\ mol^{-1} - 2\ mol\times51.3\ kJ\ mol^{-1} = -4.7\ kJ$ だから,式(9.35)より平衡定数は次の値になる.

$$K_p = \frac{P_{N_2O_4}}{P_{NO_2}^2} = e^{-\frac{\Delta_r G^\circ}{RT}} = e^{-\frac{-4700}{2500}} = 6.6$$

平衡定数の温度変化

アンモニアの工業合成は，500 ℃，(2〜5)×10^7 Pa 程度の条件で行う．冒頭でも述べたとおり，500 ℃だと $\Delta_r G$ は 0 に近い正値になる．

ΔG と ΔH，$T\Delta S$ の温度変化を図9.4に描いた．ΔH も ΔS も温度で少し変わるけれど，変化量は小さい．ただし ΔS は $T\Delta S$ の形で ΔG に効き，温度にほぼ比例するため，ΔG もエントロピー項に「引きずられて」変わる．

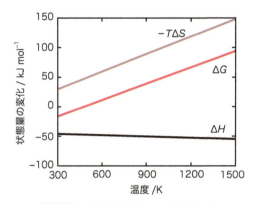

図9.4 状態量変化の温度依存性

アンモニア合成反応の平衡定数 K_p は，298 K では p.127 のとおり 5.8×10^5 だが，1000 K だと 3.4×10^{-7} にもなる（12桁の変化！）．反応はほとんど進まず，反応物（窒素と水素）の分圧もほぼ変わらないだろう．全圧 1 bar で反応を進めたとすれば，平衡定数は次の式(9.39)のように近似できる．

$$K_p = 3.4 \times 10^{-7} = \frac{P_{NH_3}^2}{P_{N_2}P_{H_2}^3} \cong \frac{P_{NH_3}^2}{0.25 \times 0.75^3} \tag{9.39}$$

計算すると $P_{NH_3} = 1.9\times 10^{-4}$ だから，わずか 1.9×10^{-4} bar 分のアンモニアができたところで平衡に達する．

$$P_{NH_3} = \sqrt{3.4 \times 10^{-7} \times 0.25 \times 0.75^3} = 1.9 \times 10^{-4} \tag{9.40}$$

同じ反応を 200 bar のもとで進めたとしよう．

$$K_p = 3.4 \times 10^{-7} = \frac{P_{NH_3}^2}{P_{N_2}P_{H_2}^3} \cong \frac{P_{NH_3}^2}{50 \times 150^3} \tag{9.41}$$

このときは $P_{NH_3} = 7.6$ となり，7.6 bar 分のアンモニアができる．

$$P_{NH_3} \cong \sqrt{3.4 \times 10^{-7} \times 50 \times 150^3} = 7.6 \tag{9.42}$$

アンモニア合成反応は，たいへん巧みに設計されているといえよう．ΔG 面が不利になるのは承知で温度を上げ，反応を速める．そのかたわら，圧力を上げてアンモニアの収量を増やす．

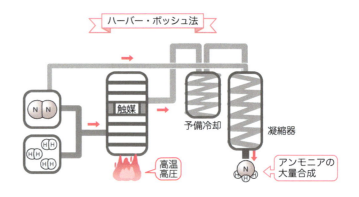

平衡移動

平衡状態で反応系に何かストレスをかける(濃度や圧力,温度などを変える)と,新しい平衡状態に移る.そのとき,「平衡はストレスを緩和する向きに移動する」と考えてよい(**ルシャトリエの原理**).

アンモニア合成では,反応物 4 mol からアンモニア 2 mol ができる.圧力を上げれば,圧力を下げる(気体の分子数が減る)向きに平衡が動く.また,アンモニア合成は $\Delta H < 0$ の発熱反応だから,温度を下げるほどアンモニアの生成量が増す.

圧力の効果も温度の効果も,化学平衡の式(9.34)と ΔG の定義($\Delta G = \Delta H - T\Delta S$)をもとに説明できる(考えてみよう).

H・ルシャトリエ
(1850 〜 1936)

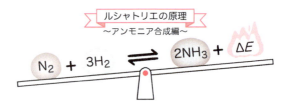

9.6 化学ポテンシャルと活量

いままでは気体中の平衡を考えた.液体や固体がからむ平衡も,成分の化学ポテンシャルに注目して扱えるが,むろん「分圧」そのものは使えない.化学ポテンシャルは本来,次の式(9.43)のように書き表す.

$$\mu = \mu^\circ + RT\ln a \tag{9.43}$$

物質固有の標準値 μ° と,「広がりたがる」性質を示す項 $RT\ln a$ からなる点は,どんな状態の物質にも当てはまる.ただし,一般的な a は**活量**とよぶ.気体に使う分圧 P_i'(を 1 bar で割った数)は,「活量の代用」だと心得よう.ほかの状態については,次のように約束する[*9].

※9 本来の活量は,「混合物をつくっている粒子総数のうち,ある成分の粒子が占める割合」を意味する.しかし 10^{22} 〜 10^{25} という指数を伴う粒子数は扱いにくいため,気体や溶質には「代用品」を使う.

①固体：純粋な固体は $a = 1$ とする．そのため反応式中の固体は，化学平衡の式に書かない[*10]．
②溶質：モル濃度（を $1\ \mathrm{mol\ L^{-1}}$ で割った数）を，活量の代用にする．
③溶媒：希薄溶液の溶媒は $a = 1$ とする．そのため反応式中の溶媒は，化学平衡の式に書かない[*10]．

[*10] 高校化学の教科書には，固体の濃度（[AgCl] など）や溶媒の濃度（[H₂O] など）を使って化学平衡の式を書いたあと，「濃度はほぼ変わらないから一定と見なす」という誤った説明がしてあるので注意したい．

やさしい例を眺めよう．炭酸カルシウム $CaCO_3$ を熱すると，酸化カルシウム CaO と二酸化炭素 CO_2 に分解する．

$$CaCO_3(s) \rightleftharpoons CaO(s) + CO_2(g) \tag{9.44}$$

標準生成ギブズエネルギー $\Delta_f G°$ は（左から順に．$\mathrm{kJ\ mol^{-1}}$ 単位）-1128，-604，-394 だから，標準反応ギブズエネルギー $\Delta_r G°$ は $+130\ \mathrm{kJ}$ となる．平衡の条件は，化学ポテンシャルを使って式(9.45)のように書けるのだった．

$$\mu°_{CaCO_3} + RT\ln a = (\mu°_{CaO} + RT\ln a) + (\mu°_{CO_2} + RT\ln P_{CO_2}) \tag{9.45}$$

固体 2 種は $a = 1$ なので，$RT\ln a$ 項は 0 になる．

$$\mu°_{CaCO_3} = \mu°_{CaO} + \mu°_{CO_2} + RT\ln P_{CO_2} \tag{9.46}$$

整理すると，化学熱力学の基本式は次の式(9.47)のように書ける．

$$\Delta_r G° = \mu°_{CaO} + \mu°_{CO_2} - \mu°_{CaCO_3} = -RT\ln P_{CO_2} \tag{9.47}$$

式(9.34)と比べ，平衡定数 K_p は CO_2 の分圧（を標準圧力 $P° = 1\ \mathrm{bar}$ で割った数）に等しいとわかる．

$$K_p = P_{CO_2} \tag{9.48}$$

$\Delta_r G°$ 値（上記）を使って計算した平衡定数 K_p は 1.7×10^{-23} となる．

$$K_p = e^{\frac{-\Delta_r G°}{RT}} = e^{\frac{-130 \times 10^3}{8.314 \times 298.15}} = 1.7 \times 10^{-23} \tag{9.49}$$

このように CO_2 の分圧は常温だとたいへん低いが，温度を上げると平衡が右に動く結果，897 ℃で 1 bar に達する．

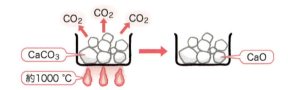

9.7 溶液中の平衡

弱酸の酢酸を水に溶かせば,一部の分子が次の式(9.50)のように電離する.

$$CH_3COOH \rightleftharpoons CH_3COO^- + H^+ \tag{9.50}$$

次の平衡定数 K_a を**酸解離定数**という.

$$K_a = \frac{[CH_3COO^-][H^+]}{[CH_3COOH]} \tag{9.51}$$

実測の K_a 値(25 ℃で 2.8×10^{-5})を,化学ポテンシャルに注目する考察から計算しよう.CH_3COOH,CH_3COO^-,H^+ の $\Delta_f G°$(kJ mol^{-1})は順に -389,-363,0(約束)なので,反応(9.50)の(右向き)$\Delta_f G°$ は $+26$ kJ となる.また,平衡の条件は次の式(9.52)のように書ける.

$$\mu°_{CH_3COOH} + RT\ln a_{CH_3COOH}$$
$$= (\mu°_{CH_3COO^-} + RT\ln a_{CH_3COO^-}) + (\mu°_{H^+} + RT\ln a_{H^+}) \tag{9.52}$$

溶質の活量 a には,モル濃度 $[CH_3COOH]$,$[CH_3COO^-]$,$[H^+]$ を代用する.

$$\mu°_{CH_3COOH} + RT\ln[CH_3COOH]$$
$$= (\mu°_{CH_3COO^-} + RT\ln[CH_3COO^-]) + (\mu°_{H^+} + RT\ln[H^+]) \tag{9.53}$$

整理すると,標準反応ギブズエネルギー $\Delta_r G°$ は式(9.54)のように書ける.

$$\begin{aligned}
\Delta_r G° &= \mu°_{CH_3COO^-} + \mu°_{H^+} - \mu°_{CH_3COOH} \\
&= -(-RT\ln[CH_3COOH] + RT\ln[CH_3COO^-] + RT\ln[H^+]) \\
&= -RT\ln\frac{[CH_3COO^-][H^+]}{[CH_3COOH]}
\end{aligned} \tag{9.54}$$

$\Delta_r G° = +26000$ J を代入し,次の式(9.55)のように K_a 値が決まる.

$$K_a = \frac{[CH_3COO^-][H^+]}{[CH_3COOH]} = e^{\frac{-\Delta_r G°}{RT}} = e^{\frac{-26 \times 10^3}{8.314 \times 298.15}} = 2.8 \times 10^{-5} \tag{9.55}$$

値が広い範囲で変わる K_a は,pH と同様な pK_a で表せばわかりやすい.

$$pK_a = -\log_{10} K_a \tag{9.56}$$

酢酸の場合は $pK_a = 4.6$ になる.pK_a が小さい(K_a が大きい)物質ほど酸として強い.式(9.55)と式(9.56)から,次の関係式(9.57)が成り立つ.

$$\begin{aligned}
-\log_{10} K_a &= -\log_{10}\frac{[CH_3COO^-][H^+]}{[CH_3COOH]} \\
&= -\log_{10}\frac{[CH_3COO^-]}{[CH_3COOH]} - \log_{10}[H^+]
\end{aligned} \tag{9.57}$$

書き換えると次式(9.58)になる.

$$pK_a = pH - \log_{10} \frac{[CH_3COO^-]}{[CH_3COOH]} \tag{9.58}$$

水の電離平衡

水分子の一部は次式の電離平衡にあるため,純水もごく弱い電気伝導性を示す.

$$H_2O \rightleftharpoons H^+ + OH^- \tag{9.59}$$

25℃で $[H^+] = [OH^-] = 1.0 \times 10^{-7}$ mol L^{-1} だから,平衡定数(水のイオン積)K_W は $[H^+][OH^-] = 1.0 \times 10^{-14}$ となる.こうした値も熱力学で計算できる.

H_2O,H^+,OH^- の $\Delta_f G°$ (kJ mol^{-1}) は順に -237,0,-157 なので,反応(9.59)の(右向き)$\Delta_r G°$ は $+80$ kJ となる.また,平衡の条件は次式(9.60)のように書ける.

$$\mu°_{H_2O} + RT\ln a_{H_2O} = (\mu°_{H^+} + RT\ln a_{H^+}) + (\mu°_{OH^-} + RT\ln a_{OH^-}) \tag{9.60}$$

H_2O(溶媒)は $a = 1$ とし,イオンの a はモル濃度 $[H^+]$,$[OH^-]$ とする.

$$\mu°_{H_2O} = (\mu°_{H^+} + RT\ln[H^+]) + (\mu°_{OH^-} + RT\ln[OH^-]) \tag{9.61}$$

整理すると,標準反応ギブズエネルギー $\Delta_r G°$ は式(9.62)のように書ける.

$$\begin{aligned}
\Delta_r G° &= \mu°_{H^+} + \mu°_{OH^-} - \mu°_{H_2O} \\
&= -RT\ln[H^+] - RT\ln[OH^-] = -RT\ln([H^+][OH^-])
\end{aligned} \tag{9.62}$$

以上より,次の結果を得る.

$$K_W = [H^+][OH^-] = e^{\frac{-\Delta_r G°}{RT}} = e^{\frac{-80 \times 10^3}{8.314 \times 298.15}} = 1.0 \times 10^{-14} \tag{9.63}$$

溶解平衡

水道水に硝酸銀水溶液を一滴だけ落とせば,水中の塩化物イオン Cl$^-$ と銀イオン Ag$^+$ が結合し,水に溶けにくい塩化銀 AgCl ができて白濁する.塩化銀の溶解平衡〔式(9.64)〕を,上記と同様に扱おう.

$$AgCl(s) \rightleftharpoons Ag^+(aq) + Cl^-(aq) \tag{9.64}$$

AgCl,Ag$^+$,Cl$^-$ の $\Delta_f G°$ (kJ mol^{-1}) は順に -109.8,$+77.1$,-131.2 なので,反応(9.64)の(右向き)$\Delta_r G°$ は $+55.7$ kJ となる.また,平衡の条件は次の式(9.65)のように書ける.

$$\begin{aligned}&\mu°_{AgCl} + RT\ln a_{AgCl} \\ &= (\mu°_{Ag^+} + RT\ln a_{Ag^+}) + (\mu°_{Cl^-} + RT\ln a_{Cl^-})\end{aligned} \quad (9.65)$$

AgCl(固体)は $a = 1$ とし,イオンの a はモル濃度 $[Ag^+]$,$[Cl^-]$ とする.

$$\mu°_{AgCl} = (\mu°_{Ag^+} + RT\ln[Ag^+]) + (\mu°_{Cl^-} + RT\ln[Cl^-]) \quad (9.66)$$

整理すると,標準反応ギブズエネルギー $\Delta_r G°$ は式(9.67)のように書ける.

$$\begin{aligned}\Delta_r G° &= \mu°_{Ag^+} + \mu°_{Cl^-} - \mu°_{AgCl} \\ &= -RT\ln[Ag^+] - RT\ln[Cl^-] = -RT\ln([Ag^+][Cl^-])\end{aligned} \quad (9.67)$$

平衡定数は**溶解度積**(solubility product)に等しいため,記号 K_{sp} で表す.K_{sp} 値は次の式(9.68)のように計算できる.

$$K_{sp} = [Ag^+][Cl^-] = e^{\frac{-\Delta_r G°}{RT}} = e^{\frac{-55.7\times 10^3}{8.31\times 298}} = 1.7\times 10^{-10} \quad (9.68)$$

【例題 9.3】 AgBr,Ag^+,Br^- の $\Delta_f G°$ (kJ mol^{-1}) をそれぞれ -96.9,$+77.1$,-104.0 として,溶解平衡 $AgBr(s) \rightleftharpoons Ag^+(aq) + Br^-(aq)$ の K_{sp} を計算せよ.

【答】 $\Delta_r G°$ は $+70.0$ kJ だから,K_{sp} は次のようになる.

$$K_{sp} = [Ag^+][Br^-] = e^{\frac{-\Delta_r G°}{RT}} = e^{\frac{-70.0\times 10^3}{8.31\times 298}} = 5.4\times 10^{-13}$$

1. $C(s) + CO_2(g) \rightleftharpoons 2CO(g)$ が 800 ℃,50 bar で平衡になったとき,気相中で CO_2 のモル分率は 0.2 だった.平衡定数を計算せよ.

2. AgI,Ag^+,I^- の $\Delta_f G°$ (kJ mol^{-1}) を順に -66.0,$+77.1$,-51.6 とし,溶解平衡 $AgI(s) \rightleftharpoons Ag^+(aq) + I^-(aq)$ の K_{sp} を計算せよ.AgCl,AgBr の K_{sp} 値(前記)と比べたとき,溶解度の順について何がいえるか.

3. 25 ℃ で $CH_3COOH \rightleftharpoons CH_3COO^- + H^+$ の平衡定数は $K_a = 1.78\times 10^{-5}$ となる.CH_3COO^- の $\Delta_f G°$ (-365.4 kJ mol^{-1}) より,CH_3COOH の $\Delta_f G°$ 値を求めよ.

10章 電気化学

- 電子授受平衡を成り立たせる「電位」とは何か？
- 標準電極電位 $E°$ とはどんな量で，どう役立つのか？
- 酸化還元反応の平衡定数は，$E°$ とどう関係するのか？
- $E°$ と式量電位 $E°'$ は，どのような関係にあるか？
- 電解はどのように扱えばよいのか？

10.1 電圧と電位

　君の頭は海抜にして何メートル？…と訊かれても困る．身長はわかっていても，地面の海抜がわからないからだ．立っている地面の海抜がわかれば，身長を足した値が答えになる．

　マンガン乾電池は，ほぼ 1.5 V の起電力（電圧）を示す．では，負極（平たい側）と正極（出っ張り側）の**電位**は，それぞれ何 V なのだろう？　負極が 0 V，正極が +1.5 V というわけではなく，とりあえずは「わからない」が正解になる．ただし，何か合理的な物差しを使って片方の電位を決めれば，他方の電位も決まる．電気化学の話では，「電極の電位」をつかむのが第一歩だと心得よう．

　電気工学では，アース（地面）の電位を 0 V にとることが多い．そのとき乾電池の負極をアースにつなげば，負極が 0 V，正極が +1.5 V だといえる．反対に正極をアースにつなぐと，負極は −1.5 V，正極は 0 V になる．電位が決まりさえすれば，電圧は引き算ですぐわかる[*1]．

*1 電位は，ある約束で原点（0 度）を決めた摂氏温度や華氏温度に似ている．ちなみに華氏温度（°F）はファーレンハイトが 1708 年ごろ，居住地の最低気温を 0 度，体温を 100 度として決めた．

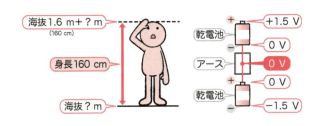

J・ダニエル
(1790〜1845)

*2 電池式は通常，右側を正極にする．縦の1本線（|）は相の境界を表す．なお，2種の溶液を素焼き版ではなく塩橋（塩の濃厚水溶液を含む寒天などを詰めたガラス管やビニルチューブ）で仕切った電池なら，塩橋は2本線（‖）で書く．

10.2 ダニエル電池

硫酸銅 $CuSO_4$ の水溶液に銅板を，硫酸亜鉛 $ZnSO_4$ の水溶液に亜鉛板を浸し，二つの水溶液を素焼きの板で仕切った**ダニエル電池**は，高校化学でも学ぶ．ダニエル電池は，次のような「電池式」[*2]で書く（図 10.1）．

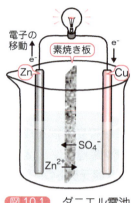

図 10.1 ダニエル電池

$$(-)Zn|ZnSO_4\,aq|CuSO_4\,aq|Cu(+) \quad (10.1)$$

負極と正極では，次の反応〔（電子授受反応，式(10.2)）〕が進む．

$$\begin{aligned}負極 \quad & Zn \longrightarrow Zn^{2+} + 2e^- \\ 正極 \quad & Cu^{2+} + 2e^- \longrightarrow Cu\end{aligned} \quad (10.2)$$

足しあわせると，次の酸化還元反応(10.3)になる．

$$Zn + Cu^{2+} \longrightarrow Zn^{2+} + Cu \quad (10.3)$$

ダニエル電池では，素焼き板に空いた小穴を通って SO_4^{2-} が「正極 → 負極」の向きに，Zn^{2+} が「負極 → 正極」の向きに動いて電気を運ぶ．そのイオン移動が，電子の流れによる電荷の蓄積を解消する．

ダニエル電池は約 1.1 V の起電力を示す．実用電池の起電力は，マンガン乾電池が 1.5 V，リチウム電池が 3.0 V となる．そうした起電力の値は，何が決めるのだろうか？

10.3 電極反応と電位

電池の電圧は，溶質の種類と濃度で微妙に変わる．そこでまず，溶質濃度 1 mol L^{-1} の標準状態を考えよう[*3]．

*3 標準状態とみたときの 1 mol L^{-1} は，「溶質粒子間相互作用がゼロ」の仮想的な状況をいう．現実の 1 mol L^{-1} 溶液だと，溶質粒子間の平均距離が約 1 nm しかないため，相互作用はたいへん強い（10.8 節の「式量電位」が生じる背景）．

電極1本と溶液のセットを**半電池**という．半電池2個の組合せが電池になる．ダニエル電池の場合，片方の半電池（亜鉛極）では，次の電子授受平衡（右向きか左向きの矢印を使って書けば「半反応」）が成り立つ．

$$Zn^{2+} + 2e^- = Zn \quad (10.4)$$

電子をもらう物質（Zn^{2+}）を酸化体，電子を出す物質（Zn）を還元体とよぶ[*4]．式(10.4)は平衡反応だから左辺と右辺を「$\rightleftarrows$」で結んでもよいけれど，本章では（電子授受平衡には）等号を使う．

標準状態の化学平衡だから，両辺の標準ギブズエネルギー $G°$ が等しい．左辺の $G°$ は，$\Delta_f G°(Zn^{2+}) = -147$ kJ mol^{-1} に「電子の $G°$」を足したものになる．また右辺の $G°$ は，$\Delta_f G°(Zn) = 0$ kJ mol^{-1} としてよい．すると差し引き，「電子の $G°$」は $+147$ kJ となる．

電子のギブズエネルギーは，「ある電位のもとで電子がもつ電気エネルギー」とみなす．負電荷をもつ電子は，相対的に負の電位から正の電位へと動くのが自発変化になる（そのとき電気的仕事ができる）．

とりあえず，電位の原点（ゼロ点）が決まっているとしよう（決めかたは 10.4 節で説明）．そのとき電子の電気エネルギーは次の式(10.5)のように書ける．

$$\text{電気エネルギー(J)} = \text{電荷量(C)} \times \text{電位(V)} \quad (10.5)$$

半反応(10.4)を，亜鉛 1 mol あたりで考えよう．流れる電子は 2 mol だから，電荷量は，負号つきファラデー定数 $F = -96500$ C mol^{-1} に 2 mol をかけた $2F = -193000$ C となる．すると電子の電位 E は式(10.6)の値になる．

$$E = \frac{G°}{nF} = \frac{147000 \text{ J}}{2 \text{ mol} \times (-96500 \text{ C mol}^{-1})} = -0.76 \text{ V} \quad (10.6)$$

つまり，電子授受平衡 $Zn^{2+} + 2e^- = Zn$ にからむ電子は「電位 -0.76 V の世界」にいて，より高い電位の場所に移る機会さえあれば，しかるべき仕事をする可能性を秘めている（図 10.2）．

[*4] 酸化還元反応の酸化剤，還元剤と似ている．「$Zn^{2+} \rightarrow Zn$」は自発変化ではないものの，電子を「もらう」「出す」のペアとみれば，Zn^{2+} は酸化体にあたる．

M・ファラデー
(1791 ~ 1867)

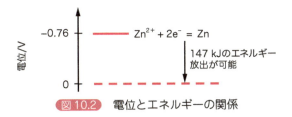

図 10.2　電位とエネルギーの関係

なお，1 mol の電子（電荷 -96500 C）が「0 V → -1 V」と電位の「坂を登る」には，$(-96500 \text{ C}) \times (-1 \text{ V}) = 96.5$ kJ のエネルギーを要する．そのエネルギーを電子 1 個あたりにしたときのエネルギーが，1 eV にほかならない．

$$\frac{96500 \text{ J}}{6.02 \times 10^{23}} = 1.6 \times 10^{-19} \text{ J} = 1 \text{ eV} \quad (10.7)$$

【例題 10.1】 $\Delta_f G°(Li^+) = -293$ kJ mol^{-1} として，電子授受平衡 $Li^+ + e^- = Li$ の電位を計算せよ．

【答】 単体 Li の $\Delta_f G°$ は 0 kJ mol^{-1} だから，電子の $G°$ は $+293$ kJ mol^{-1} となり，電位は次の値になる．

$$E° = \frac{G°}{nF} = \frac{293000 \text{ J}}{1 \text{ mol} \times (-96500 \text{ C mol}^{-1})} = -3.0 \text{ V}$$

10.4 標準電極電位

先ほど触れた「電極電位のゼロ点」を考えよう．熱力学の話（6 章と 7 章）を思い起こせば，次の電子授受平衡 (10.8) に目が向かう．

$$2\text{H}^+ + 2\text{e}^- = \text{H}_2 \tag{10.8}$$

活量 1 ($[\text{H}^+] = 1$ mol L^{-1}) の H$^+$ を含む pH $= 0$ の水溶液に不活性な金属（白金など）を浸し，白金の表面に活量 1（分圧 1 bar $\approx$ 1 atm）の H$_2$ を吹きつければ，近似的に電子授受平衡 (10.8) が成り立つ．その半電池を**標準水素電極**とよび，standard hydrogen electrode の略号 **SHE** で表すことが多い．

熱力学の約束により $\Delta_f G°(\text{H}_2) = \Delta_f G°(\text{H}^+) = 0$ kJ mol^{-1} だから，電子 e$^-$ の $G°$ 値は 0，つまり電子の電位も自動的に 0 V となる．そのため電気化学では，平衡 (10.8) が成り立っている電極の電位を 0 と約束し，ほかの半反応の電位を表す慣行ができた（図 10.3，図 10.4）．

こうして決まる電位を**標準電極電位**といい，記号で $E°$ と書く．基準が SHE だと明示する際は，電位の値に「*vs.* SHE」を添える．よく出あう「金属イオン/金属」系の $E°$ を表 10.1 にまとめた．

図 10.3 標準電極電位 $E°$ の基準

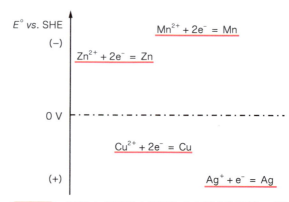

図 10.4 基準点 (SHE) を明示した標準電極電位の例

【例題 10.2】 $\Delta_f G°(\text{Co}^{2+}) = -54.4$ kJ mol^{-1} を使い，電子授受平衡 Co^{2+} $+ 2\text{e}^- = $ Co の $E°$ 値を求めよ．

【答】 $\Delta_f G°(\text{Co}) = 0 \text{ kJ mol}^{-1}$ だから，次の計算で $E° = -0.28 \text{ V } vs.$ SHE を得る．

$$E° = \frac{\Delta G°}{nF} = \frac{54400 \text{ J}}{2 \text{ mol} \times (-96500 \text{ C mol}^{-1})} = -0.28 \text{ V}$$

表10.1　標準電極電位 $E°$ (V vs. SHE)

$\text{Li}^+ + \text{e}^- = \text{Li}$	-3.04
$\text{K}^+ + \text{e}^- = \text{K}$	-2.93
$\text{Ca}^{2+} + 2\text{e}^- = \text{Ca}$	-2.84
$\text{Na}^+ + \text{e}^- = \text{Na}$	-2.71
$\text{Mg}^{2+} + 2\text{e}^- = \text{Mg}$	-2.36
$\text{Al}^{3+} + 3\text{e}^- = \text{Al}$	-1.68
$\text{Fe}^{2+} + 2\text{e}^- = \text{Fe}$	-0.44
$\text{Co}^{2+} + 2\text{e}^- = \text{Co}$	-0.28
$\text{Ni}^{2+} + 2\text{e}^- = \text{Ni}$	-0.26
$\text{Pb}^{2+} + 2\text{e}^- = \text{Pb}$	-0.13
$\text{Cu}^{2+} + 2\text{e}^- = \text{Cu}$	$+0.34$
$\text{Ag}^+ + \text{e}^- = \text{Ag}$	$+0.80$
$\text{Hg}^{2+} + 2\text{e}^- = \text{Hg}$	$+0.85$
$\text{Pt}^{2+} + 2\text{e}^- = \text{Pt}$	$+1.19$
$\text{Au}^{3+} + 3\text{e}^- = \text{Au}$	$+1.52$

（大　イオン化のしやすさ　小）

標準電極電位と酸化体の $\Delta_f G°$ 値

以上から推測できるとおり，標準電極電位 $E°$ とは，「電子の授受量を考えて標準生成ギブズエネルギー $\Delta_f G°$ を翻訳した量」だといえる．たとえば，次の半反応（還元）を眺めよう．

$$\text{M}^{n+} + n\text{e}^- \longrightarrow \text{M} \tag{10.9}$$

若干の M^{n+}/M 系につき，$\Delta_f G°$ 値と $E°$ 値を図10.5（p.140）で比べた．1価（+1電荷）のイオンはみな同じ直線に乗り，2価のイオンはみな別の直線に乗る．つまり直線の傾きは，授受する電子の量（mol）が決める．

アルカリ金属元素やアルカリ土類金属元素など $E°$ 値の低い物質は，電子を出してイオンになりやすい[*5]．かたや $E°$ 値の高い物質は，還元体（単体）が安定な貴金属系の物質が多い．

10.5　標準電極電位が語ること

標準電極電位 $E°$ は，電極反応で授受される電子の「勢い」を表すとみてよい．負電荷をもつ**電子は，相対的に負の電位から正の電位へと移りたい**．そのため，上下に電位の軸を考えるときは，上方を負，下方を正とすればわかりやすい[*6]．

[*5]　イオン化したがる（溶液のほうへ移りたがる）イオンを溶解濃度 1 mol L^{-1} に抑える（引きとめる）ため，電極の電位を負にする必要がある，と解釈してもよい．

[*6]　図示のほか，半反応を上下に並べて書く際も，$E°$ が相対的に負の反応式を上に書くとよい．

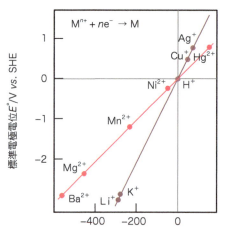

図 10.5 還元（$M^{n+} + ne^- \to M$）を受ける M^{n+} の $\Delta_f G°$ 値と $E°$ 値の関係

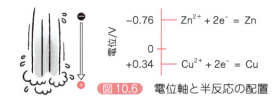

図 10.6 電位軸と半反応の配置

たとえば，電子授受平衡 $Zn^{2+} + 2e^- = Zn$ の電子は -0.76 V の世界に，$Cu^{2+} + 2e^- = Cu$ の電子は $+0.34$ V の世界にある（図10.6）．二つの半反応がリンクできる状況をつくれば，$Zn \to Zn^{2+} + 2e^-$ で生じた「勢いの強い電子」が，$Cu^{2+} + 2e^- \to Cu$ のように Cu^{2+} を還元する．次の式（10.10）のように表せる．

$$Zn \longrightarrow Zn^{2+} + 2e^- \\ Cu^{2+} + 2e^- \longrightarrow Cu \tag{10.10}$$

それが電池の原理にほかならない．電池の起電力は，正側の $E°$ から負側の $E°$ を引いた値になる．

$$起電力 = +0.34\ \text{V} - (-0.76\ \text{V}) = 1.10\ \text{V} \tag{10.11}$$

なお $E°$ は，電極反応をどう書こうと（たとえば $2Zn \to 2Zn^{2+} + 4e^-$，$Zn = Zn^{2+} + 2e^-$，$3Zn^{2+} + 6e^- \to 3Zn$ のどれでも），符号を含めて一定値（いまの例なら -0.76 V vs. SHE）とみる．

【例題 10.3】 表 10.1 の $E°$ 値を使い，電子授受平衡 $Ag^+ + e^- = Ag$ と $Cu^{2+} + 2e^- = Cu$ を組みあわせた電池の起電力を求めよ．
【答】 $+0.80\ \text{V} - (+0.34\ \text{V}) = 0.46\ \text{V}$

酸化還元反応の向き

電子が「相対的に負の $E°$ 値から正の $E°$ 値へと移りたがる」ことに注目すれば，酸化還元反応の向きを判定するのはやさしい．たとえば，適当なデータ集から，次の電子授受平衡をとり出してみよう（図10.7）．

$$\text{Fe(CN)}_6^{3-} + \text{e}^- = \text{Fe(CN)}_6^{4-}$$
$$E° = +0.36 \text{ V } vs. \text{ SHE}$$
$$\text{MnO}_4^- + 8\text{H}^+ + 5\text{e}^- = \text{Mn}^{2+} + 4\text{H}_2\text{O}$$
$$E° = +1.51 \text{ V } vs. \text{ SHE} \tag{10.12}$$

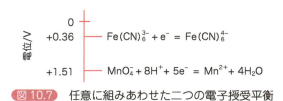

図10.7 任意に組みあわせた二つの電子授受平衡

負側の Fe(CN)_6^{4-} が出した電子を，正側の MnO_4^- が受けとる．授受される電子の数をそろえて書けば，式(10.13)のようになる．

$$\begin{aligned} 5\text{Fe(CN)}_6^{4-} &\longrightarrow 5\text{Fe(CN)}_6^{3-} + 5\text{e}^- \\ \text{MnO}_4^- + 8\text{H}^+ + 5\text{e}^- &\longrightarrow \text{Mn}^{2+} + 4\text{H}_2\text{O} \end{aligned} \tag{10.13}$$

二つを足しあわせ，次の酸化還元反応式(10.14)ができる．

$$5\text{Fe(CN)}_6^{4-} + \text{MnO}_4^- + 8\text{H}^+ \longrightarrow 5\text{Fe(CN)}_6^{3-} + \text{Mn}^{2+} + 4\text{H}_2\text{O} \tag{10.14}$$

10.6 ネルンストの式

いままで，電子授受平衡にからむ物質はみな標準状態（溶質は仮想的な濃度 1 mol L^{-1}，気体は $1 \text{ bar} \approx 1 \text{ atm}$）にあるとしてきた．標準状態でなければどうなるかは，化学ポテンシャル（p.118）に立ち戻って考える．

定温定圧で電池反応が進むとき，電気的仕事の源はギブズエネルギー変化だった．自発変化（$\Delta G < 0$）の場合，起電力 ΔE とギブズエネルギー変化 ΔG は次の関係式(10.15)にある．

$$\Delta G = -nF\Delta E \tag{10.15}$$

平衡反応 $a\text{A} + b\text{B} \rightleftharpoons c\text{C} + d\text{D}$ のギブズエネルギー変化は，化学ポテンシャル μ を使って式(10.16)のように書ける．

$$\Delta G = (c\mu_\text{C} + d\mu_\text{D}) - (a\mu_\text{A} + b\mu_\text{B}) \tag{10.16}$$

成分 i の化学ポテンシャルは，活量 a_i を使って式(10.17)のように書けた．

$$\mu_i = \mu_i^\circ + RT \ln a_i \tag{10.17}$$

つまり，ギブズエネルギー変化は式(10.18)のようになる．

$$\Delta G = (c\mu_C^\circ + d\mu_D^\circ) - (a\mu_A^\circ + b\mu_B^\circ) + RT \ln \frac{a_C^c a_D^d}{a_A^a a_B^b} = -nF\Delta E \tag{10.18}$$

標準反応ギブズエネルギー ΔG° は，標準起電力 ΔE° と次の関係にある．

$$(c\mu_C^\circ + d\mu_D^\circ) - (a\mu_A^\circ + b\mu_B^\circ) = \Delta G^\circ = -nF\Delta E^\circ \tag{10.19}$$

それを式(10.18)に代入しよう．

$$-nF\Delta E^\circ + RT \ln \frac{a_C^c a_D^d}{a_A^a a_B^b} = -nF\Delta E \tag{10.20}$$

整理して次の式(10.21)を得る．

$$\Delta E = \Delta E^\circ - \frac{RT}{nF} \ln \frac{a_C^c a_D^d}{a_A^a a_B^b} = \Delta E^\circ - \frac{RT}{nF} \ln K \tag{10.21}$$

W・ネルンスト
(1864～1941)

式(10.21)を**ネルンストの式**という（K は後述の平衡定数）．ネルンストの式は，電子授受にからむ物質の活量（溶質なら濃度）が変わったとき，電池の起電力（電位差）がどうなるかを教えてくれる．

例① ダニエル電池

ネルンストの式をダニエル電池に適用しよう．活量には濃度を代用する．電池の平衡反応は $Zn + Cu^{2+} \rightleftharpoons Zn^{2+} + Cu$ と書ける．単体の亜鉛 Zn と銅 Cu は活量 a を 1 として無視できるため，ネルンストの式は次の式(10.22)のようになる．

$$\Delta E = \Delta E^\circ - \frac{RT}{2F} \ln \frac{[Zn^{2+}]}{[Cu^{2+}]} \tag{10.22}$$

式(10.11)の $\Delta E^\circ = 1.10\,\text{V}$ を使い，イオンの濃度比が $[Zn^{2+}]/[Cu^{2+}] = 30$ になったとすれば，298.15 K での起電力は 1.10 V から次の値にまで減る．

$$\begin{aligned}\Delta E &= \Delta E^\circ - \frac{RT}{2F} \ln 30 \\ &= 1.10\,\text{V} - \frac{8.314\,\text{JK}^{-1}\text{mol}^{-1} \times 298.15\,\text{K}}{2 \times 96500\,\text{C mol}^{-1}} \ln 30 = 1.06\,\text{V} \end{aligned} \tag{10.23}$$

例② イオン濃度と電位

ネルンストの式は，電池の起電力だけでなく，半反応の電極電位にも当て

はまる．式(10.19)，つまり半反応を構成する物質の化学ポテンシャル $\mu_i = \mu_i° + RT \ln a_i$ を使って電子授受平衡(左辺の G = 右辺の G)を書き，平衡電位を表せばよい．例として，H^+/H_2 系の半反応〔式(10.24)〕を考えよう．

$$H^+ + e^- = \frac{1}{2}H_2 \tag{10.24}$$

平衡電位 E は式(10.25)の形に書ける．

$$E = E° - \frac{RT}{F} \ln \frac{P_{H_2}^{\frac{1}{2}}}{[H^+]} \tag{10.25}$$

標準水素電極の電位は $E° = 0$ と約束したから，水素の圧力 P_{H_2} を 1 bar とすれば，式(10.25)は式(10.26)に変わる．

$$E = -\frac{RT}{F} \ln \frac{P_{H_2}^{\frac{1}{2}}}{[H^+]} = -\frac{RT}{F} \ln \frac{1}{[H^+]} = +\frac{RT}{F} \ln [H^+] \tag{10.26}$$

つまり水素電極の電位は，水素イオン濃度の対数と直線関係にある．

少し変形して使いやすくしよう．$\ln x = (\ln 10) \times \log_{10} x = 2.303 \log_{10} x$ に注目して対数を自然対数から常用対数に変えると，桁の見当がつくのでわかりやすい．また，気体定数 R とファラデー定数 F を数値化し，温度を $T = 25℃ = 298.15\,K$ とすれば，常用対数の手前は，V 単位で次の値になる．

$$2.303 \frac{RT}{F} = 2.303 \times \frac{8.314 \times 298.15}{96500} = 0.059 \tag{10.27}$$

さらに pH $= -\log_{10}[H^+]$ の関係も使うと，水素電極の電位 E は式(10.28)のように書ける(pH メーターの作動原理)．

$$E = +0.059 \log_{10}[H^+] = -0.059 \times pH \tag{10.28}$$

金属イオンについても同じことがいえる．銅イオン Cu^{2+} を含む溶液に浸した銅電極では，次の電子授受平衡が成り立つ．

$$Cu^{2+} + 2e^- = Cu \tag{10.29}$$

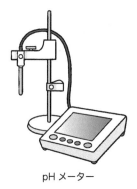

pH メーター

H^+/H_2 系と同様に扱えば，銅電極の平衡電位 E と $[Cu^{2+}]$ は次の関係にある．

$$E = E° - \frac{RT}{2F} \ln \frac{1}{[Cu^{2+}]} = E° + \frac{0.059}{2} \log[Cu^{2+}] \tag{10.30}$$

標準電極電位 $E° = +0.34\,V$ より，式(10.31)が成り立つ．

$$E = +0.34 + 0.030 \times \log_{10}[Cu^{2+}] \tag{10.31}$$

144　10章　● 電気化学

式 (10.31) に注目すると，電位の測定値から銅イオンの濃度がわかる．

【例題 10.4】 $[Cu^{2+}] = 1.0 \times 10^{-3}$ mol L^{-1} のとき，式 (10.31) の電位はいくらになるか．

【答】 次の計算で $+0.25$ V $(vs.$ SHE$)$ だとわかる．

$$E = +0.34 + 0.030 \times \log_{10}(1.0 \times 10^{-3}) = +0.34 + 0.030 \times (-3) = +0.25$$

10.7　標準起電力と平衡定数

ネルンストの式は，電池の起電力と酸化還元反応の平衡定数を結びつける．定温・定圧のもと，電池が放電を終えて起電力 ΔE が 0 になったとき，酸化還元反応は平衡に達したとみてよい．式 (10.21) で $\Delta E = 0$ とすれば，次の関係が成り立つ．

$$\Delta E° = \frac{RT}{nF} \ln K \tag{10.32}$$

例として，酸化還元平衡 $Zn(s) + Sn^{2+}(aq) \rightleftharpoons Zn^{2+}(aq) + Sn(s)$ を考えよう．Zn^{2+}/Zn 系と Sn^{2+}/Sn 系の標準電極電位は次の値をもつ．

$$\begin{aligned}
Zn^{2+} + 2e^- &= Zn & E° &= -0.762 \text{ V } vs. \text{ SHE} \\
Sn^{2+} + 2e^- &= Sn & E° &= -0.138 \text{ V } vs. \text{ SHE}
\end{aligned} \tag{10.33}$$

出発点が標準状態（$[Zn^{2+}] = [Sn^{2+}] = 1$ mol L^{-1}）なら，初期の起電力 $\Delta E°$ は 0.624 V となる．

$$\Delta E° = -0.14 \text{ V} - (-0.76 \text{ V}) = 0.62 \text{ V} \tag{10.34}$$

$\Delta E°$ 値を式 (10.32) に代入する．

$$\begin{aligned}
\ln K &= \ln \frac{[Zn^{2+}]_{eq}}{[Sn^{2+}]_{eq}} = \Delta E° \frac{nF}{RT} \\
&= 0.62 \text{ V} \times \frac{2 \times 96500 \text{ C mol}^{-1}}{8.314 \text{ J K}^{-1} \text{mol}^{-1} \times 298.15 \text{ K}} = 48.3
\end{aligned} \tag{10.35}$$

つまり，平衡定数 K は次の値になる．

$$K = \frac{[Zn^{2+}]_{eq}}{[Sn^{2+}]_{eq}} = e^{48.3} = 9.5 \times 10^{20} \tag{10.36}$$

10.8　式量電位

いままで使った標準電極電位 $E°$ は（したがって E も），溶質粒子どうしが相互作用しないとした理想（仮想）条件の値だった．現実の測定は，具体的な

イオン化合物を溶かした電解液を使って行う．そのため実測の電位は，理想条件の値とは異なる．

具体的な電解液のなかで得られた電位を**式量電位**という．酸化体と還元体の活量（近似的に「濃度」）が等しいときの式量電位を記号 $E^{\circ\prime}$ で表し，若干の電子授受平衡について表 10.2 に比べた．理想条件の量ではない式量電位も，実際の測定ではおおいに役立つため，「準・標準」として使うことが多い．

表 10.2 　標準電極電位と式量電位

電極反応	標準電極電位 E°	式量電位 $E^{\circ\prime}$	電解液 (1 mol L^{-1})
$Cu^{2+} + e^- = Cu^+$	$+0.15$	$+0.45$	HCl
$Pb^{2+} + 2e^- = Pb$	-0.13	-0.14	$HClO_4$
		-0.29	H_2SO_4
$Fe^{3+} + e^- = Fe^{2+}$	$+0.77$	$+0.70$	HCl
		$+0.72$	$HClO_4$
		$+0.68$	H_2SO_4

10.9 　活性化エネルギー

以上，ギブズエネルギー変化を駆動力とする電極反応を調べてきた．二つ半反応を組みあわせれば電池ができ，その起電力は半反応二つの電極電位で決まる．では，どんな半反応二つを選んでも，「働く電池」ができるのだろうか？

ここで式 (8.1)，つまり 2 分子の NO から N_2 と O_2 ができる反応を思い起こそう．式 (8.2) のとおり $\Delta_r G^{\circ} < 0$ だから右向きが自発変化でも，現実に反応がサッと進むわけではないのだった．つまり，熱力学が「進むならその向き」だと教えても，現実に進むかどうかや，どんな速さで進むかはわからない．

電子授受にも「活性化障壁」がある．活性化エネルギー G^* が高いと反応は進みにくいため，「電流が流れにくい」ことになる．たとえば電極表面で進む電子授受 $Fe^{2+} \rightleftharpoons Fe^{3+} + e^-$ では，Fe^{2+} を囲む溶媒（水）分子の姿は，Fe^{3+} イオンまわりとはちがう．そのため，$Fe^{2+} \rightarrow Fe^{3+}$ の変化では，Fe^{2+} にとって必ずしも居心地のよくない状況を経たあと，Fe^{3+} 用の安定な状況に変わる．途中でとる不安定な状況をつくるのに要するエネルギーが，活性化障壁の大半を占めるとみてよい．

反応の進みに伴う系のエネルギー変化を図 10.8 に描いた．原系，生成系ともエネルギーを二次曲線にしたのは，前述の例だと，「Fe^{2+} を囲む水分子の姿」の変化に対しエネルギーが 2 乗で変わるからだ．2 曲線の交点と極小点との距離が，活性化エネルギー G^* にあたる．

原系 → 生成系の変化は，まず原系の曲線に沿って昇り，交点で生成系の曲線に移ったあと，生成系の曲線に沿って降りる．標準電極電位 E° で平衡にあるとき，左辺と右辺のエネルギーは等しい．エネルギー曲線 2 本の極小点が同じ高さにあるのはそれを表す．

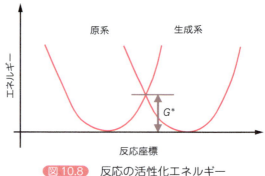

図 10.8 反応の活性化エネルギー

10.10 電解電流

電極反応の生む電流を**電解電流**という．酸化（アノード）反応なら，1 秒間に電子授受する物質の量（mol s^{-1}）は，電極の面積 S（cm^2）および表面付近にいる反応物の濃度 c_R（mol cm^{-3}）に比例する．電解電流の大きさ I（単位 A ＝ C s^{-1}）は，粒子 1 個が授受する電子の数を n，ファラデー定数を F（C mol^{-1}），電子授受の反応速度定数を k_a（cm s^{-1}）として次の式（10.37）のように書ける[*7]．

*7　電極反応速度の扱いでは，長さの単位に cm を使うことが多い．

$$I_a = nFSk_a c_R \tag{10.37}$$

現実の電流 I は，右向き（アノード）反応の電流 I_a と左向き（カソード）反応の電流 I_c の和になる．カソードの反応物の濃度を c_O，反応速度定数を k_c とすれば，式（10.38）のように書ける．

$$I = I_a + I_c = nFS(k_a c_R - k_c c_O) \tag{10.38}$$

アノード電流の符号を正にとれば，カソード電流は負になる．I を電極面積 S で割ると，単位面積あたりの電流値 i（電流密度）になる．

$$i = i_a + i_c = nF(k_a c_R - k_c c_O) \tag{10.39}$$

平衡時には，右向きと左向きの反応速度が等しいので $i = 0$ となる．ふつうの化学平衡と同様，$i_a = i_c = 0$ というわけではない．平衡時のアノード（カソード）電流密度を交換電流密度 i_0 という．反応速度定数は，前指数因子 A（8 章）を使って次の式（10.40）のように書ける．

$$k_a = k_c = A e^{\frac{-G^*}{RT}} \tag{10.40}$$

以上から，平衡時の交換電流密度 i_0 は次の内容をもつ．

$$i_0 = nFcA e^{\frac{-G^*}{RT}} \tag{10.41}$$

10.11 電解

$\Delta_r G° > 0$ の酸化還元反応は，外から電気エネルギーを加えれば進む．それを高校化学では「電気分解」とよぶけれど，「ものづくり」用の反応も多いため，研究や産業の現場では（「分解」のイメージを弱めて）**電解**という．たとえば水の電解反応は，次の式(10.42)のように書ける．

$$2H_2O \longrightarrow 2H_2 + O_2 \qquad \Delta_r G° = +474.26 \text{ kJ} \qquad (10.42)$$

標準反応ギブズエネルギー $\Delta_r G°$ が +474.26 kJ と大きな正値の反応 (10.42) も，適度な電圧をかけると「逆風に逆らって」進む．電解は電池反応の裏返しだから，電解に必要な電圧 ΔE も $\Delta_r G°$ 値から計算できる．

$$\Delta E = \frac{\Delta_r G°}{nF} = \frac{+474.26 \times 10^3 \text{ J}}{4 \times 96500 \text{ C mol}^{-1}} = 1.23 \text{ V} \qquad (10.43)$$

ΔE 値と，半反応の $E°$ 値との関係を考えよう．

$$\begin{aligned} 2H^+ + 2e^- &= H_2 & E° &= 0.00 \text{ V} \\ O_2 + 4H^+ + 4e^- &= 2H_2O & E° &= +1.23 \text{ V} \end{aligned} \qquad (10.44)$$

```
電位/V    0    ── 2H⁺ + 2e⁻ = H₂
        +1.23 ── O₂ + 4H⁺ + 4e⁻ = 2H₂O
```

図10.9 水の電解に関与する二つの電子授受平衡

電解では，正側の $2H_2O$ が出した電子を，負側の H^+ が受けとる．授受される電子の数をそろえて書き，二つを足しあわせれば，式(10.42)の酸化還元反応式(10.45)になる[*8]．

$$\begin{aligned} 4H^+ + 4e^- &\longrightarrow 2H_2 \\ 2H_2O &\longrightarrow O_2 + 4H^+ + 4e^- \end{aligned} \qquad (10.45)$$

[*8] 式(10.10)や式(10.13)のような自発変化ではないことを明示するため，電子の動く向きを赤い矢印で描いた．

ただし，所要電圧の計算値 (1.23 V) は，理論上の最小値にあたる．適度な速さで電解を進めるには計算値以上の電圧を要し，余分な電圧を**過電圧**とい

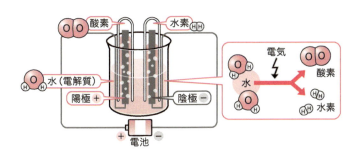

う．過電圧は，電極表面で進むさまざまな現象（吸着，電子授受，結合切断，結合生成，脱離など）の活性化エネルギーを反映し，反応物と金属（電極）の組合せによっては 1 V を超す．

10.12 電解生成物

標準電極電位 $E°$ の値から，ときに電解生成物を予想できる．$1\ \mathrm{mol\ L^{-1}}$ のヨウ化ナトリウム NaI 水溶液を電解するとしよう．水溶液が含む物質は $\mathrm{Na^+}$，$\mathrm{I^-}$，$\mathrm{H_2O}$ だから，陽極では次の酸化反応 (10.46) が進みうる（図 10.10）．

$$\begin{aligned}
2\mathrm{I^-} &\longrightarrow \mathrm{I_2} + 2\mathrm{e^-} & E° &= +0.54\ \mathrm{V} \\
2\mathrm{H_2O} &\longrightarrow \mathrm{O_2} + 4\mathrm{H^+} + 4\mathrm{e^-} & E &= +0.82\ \mathrm{V}^{*9}
\end{aligned} \quad (10.46)$$

*9 NaI 水溶液の pH は約 7 なので，pH = 7 の値を採用．

陽極の電位を上げていけば，まず $E°$ が相対的に低い +0.54 V の「$2\mathrm{I^-} \to \mathrm{I_2}$」が進み，ヨウ素ができてくる．さらに電位を上げると，水が酸化されて酸素 $\mathrm{O_2}$ が生じると予想されるが，$\mathrm{H_2O}$ の酸化は過電圧がたいへん大きいため，かなりの正電位にならないと $\mathrm{O_2}$ は発生しない．

かたや陰極では，候補になる以下二つの還元反応のうち，相対的に高電位の「$2\mathrm{H_2O} \to \mathrm{H_2}$」が進む結果，水素が発生する．

$$\begin{aligned}
2\mathrm{H_2O} + 2\mathrm{e^-} &\longrightarrow \mathrm{H_2} + 2\mathrm{OH^-} & E &= -0.41\ \mathrm{V}^{*9} \\
\mathrm{Na^+} + 2\mathrm{e^-} &\longrightarrow \mathrm{Na} & E° &= -2.71\ \mathrm{V}
\end{aligned} \quad (10.47)$$

図 10.10 ヨウ化ナトリウム水溶液の電解に関与する電子授受

章末問題

1. $\Delta_\mathrm{f} G°(\mathrm{Ba^{2+}}) = +560.8\ \mathrm{kJ\ mol^{-1}}$ として，電子授受平衡 $\mathrm{Ba^{2+}} + 2\mathrm{e^-} = \mathrm{Ba}$ の標準電極電位を求めよ．

2. $\mathrm{Ni^{2+}/Ni}$ 系と $\mathrm{Fe^{2+}/Fe}$ 系からなる電池は，濃度比 $[\mathrm{Fe^{2+}}]/[\mathrm{Ni^{2+}}]$ が 20 のとき，何 V の起電力を示すか．

3. 次のデータより，酸化還元平衡 $\mathrm{Zn(s)} + \mathrm{Cu^{2+}(aq)} \rightleftharpoons \mathrm{Zn^{2+}(aq)} + \mathrm{Cu(s)}$ の平衡定数を計算せよ．

$$\begin{aligned}
\mathrm{Zn^{2+}} + 2\mathrm{e^-} &= \mathrm{Zn} & E° &= -0.76\ \mathrm{V}\ vs.\ \mathrm{SHE} \\
\mathrm{Cu^{2+}} + 2\mathrm{e^-} &= \mathrm{Cu} & E° &= +0.34\ \mathrm{V}\ vs.\ \mathrm{SHE}
\end{aligned}$$

11章 光と分子

- 波としての光は，どう扱えばわかりやすいか？
- 粒子としての光は，どう扱えばわかりやすいか？
- 分子はなぜ光（電磁波）を吸収するのか？
- 無色の分子と有色の分子は，どのようにちがうのか？
- 電子励起と振動励起，回転励起は，どう区別するのか？

11.1 電磁波と光

真空中を光速 c (2.998×10^8 m s^{-1}) で進む振動電場（＋振動磁場）を，**電磁波**という．とりあえず（文字どおり）波とみた電磁波は，便宜上，波長範囲に応じてさまざまな名前でよぶ．

電磁波の波長は，原子サイズよりずっと短い γ 線から始まり，ほぼ原子サイズ（数 nm）の **X 線**，10〜380 nm の**紫外線**，380〜760 nm の**可視光**を経て，760 nm 〜 1000 μm（1 mm）の**赤外線**，3 mm 以上の**マイクロ波**，**電波**（最大 1 km 程度）まで，広がりは 15 桁以上にも及ぶ[*1]．

たまたまヒトの目に見える（網膜にある分子を励起できる）可視光[*2] と，その前後（紫外線と赤外線[*3]）の波長範囲を図 11.1 に描いた．なお赤外線は，

*1 波長に反比例する振動数（後述）も，15 桁以上の広がりをもつ．

*2 可視光の波長は，両端でわずか 2 倍（0.3 桁）しかない．

*3 「紫外光」「赤外光」とよぶこともある．

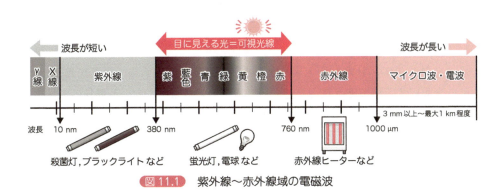

図 11.1 紫外線〜赤外線域の電磁波

波長の短い(可視光に近い)ほうから「近赤外線」「中赤外線」「遠赤外線」に分類することもある.

なお本章では，紫外線からマイクロ波[*4]までの電磁波を扱い，どれも「光」と総称する.

[*4] マイクロ波の「マイクロ」は，「波長が1 μm(マイクロメートル)台」ではなく，「電波のうち波長が最短」を意味する(たとえば電子レンジに使うマイクロ波の波長は12.2 cm).

波とみた光

光は波と粒子の二面性をもつ．波の性質は，**光速** c と**波長** λ，**振動数** ν で表され(図11.2)，三つの量は次の式(11.1)で結びつく．波長 λ と振動数 ν が反比例するため，振動数の高い光ほど波長が短い．

$$c = \lambda\nu \tag{11.1}$$

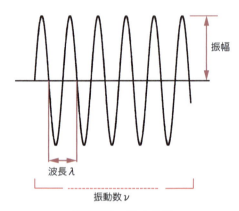

図 11.2 波の性質
描いた曲線が電場なら，それに直交する振動磁場もある．

【例題 11.1】 波長 500 nm の光の振動数は何 s^{-1}(Hz)か．
【答】 式(11.1)を使い，次の結果を得る．
$$\nu = \frac{c}{\lambda} = \frac{2.998 \times 10^8 \text{ m s}^{-1}}{500 \times 10^{-9} \text{ m}} = 6.00 \times 10^{14} \text{ s}^{-1} = 6.00 \times 10^{14} \text{ Hz}$$

太陽光や室内照明などは，さまざまな波長の光が混じっている．そうした光(連続光)をプリズムや回折格子に通せば，波長の決まった光(単色光)がとり出せる．レーザーの光は，ほぼ単色光だと考えてよい．

11.2 光の吸収と補色

ローダミンBという色素を含む水溶液は赤色に見える．色素が光の一部を吸収するのでそう見える．試料に通した光の吸収度合いと波長の関係を，**吸収スペクトル**とよぶ．波長 450～650 nm の範囲で描いたローダミンB水溶液の吸収スペクトルを図11.3に示す．

図を見ると，光吸収の極大(ピーク)は 530 nm 付近にある．530 nm 付近は緑色の光だから，ローダミンBは緑色の光を強く吸収する．吸収されず

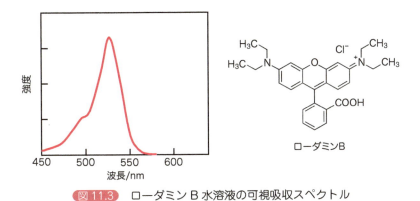

図11.3　ローダミンB水溶液の可視吸収スペクトル

に残った光が，特有な色（赤色）として私たちの目に見える．目に見える色を，吸収光に対する補色という．

光吸収の測定

　液体試料の吸収スペクトルは，図11.4のような装置（分光器）で測る．適当な光源が出す紫外〜可視〜赤外域の光を，まず回折格子に導く．回折格子の角度を変え，とり出した波長の光を液体試料に通し，透過後の光をスリットに通したあと，その強さを検出器の出力とする．液体試料が溶液なら，溶媒の吸収強度との差から試料の吸収光量を決める．

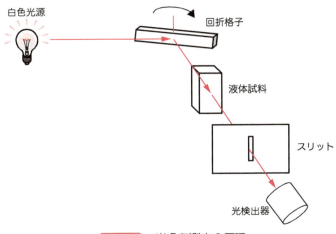

図11.4　光吸収測定の原理

152 11章 ● 光と分子

ランベルト–ベールの法則

*5 モル濃度と光速に同じ文字cを使うため，混同しないように．

溶液の試料は，厚み（光路長）lの決まった容器（セル）に入れる．溶液のモル濃度c[*5]が高いほど，また光路長lが長いほど，光の吸収度合いは大きい．入射光の強さI_0と透過光の強さIは，次の式(11.2)で結びつく．

$$I = I_0 10^{-\varepsilon cl} \tag{11.2}$$

次のように書き換えよう．

$$\log_{10} \frac{I_0}{I} = \varepsilon cl \tag{11.3}$$

式(11.3)の左辺を吸光度とよび（一般に記号Aで書く），式(11.3)の関係を**ランベルト–ベールの法則**という．

*6 光吸収能が最高の分子やイオンで，ε値は10^5 L mol^{-1} cm^{-1}程度となる（植物の緑色を出すクロロフィル類が典型例）．

モル吸光係数とよぶ比例係数εは，溶質の光吸収能を表す．光路長lを cm 単位にしたとき，モル濃度の単位 mol L^{-1} より，εの単位は L mol^{-1} cm^{-1}となる[*6]．

【**例題 11.2**】 濃度 1.0×10^{-5} mol L^{-1} の水溶液を光路長 1.0 cm のセルに入れ，ある波長で入射光I_0と透過光Iの強度比を測ったところ，IはI_0の99.7%だった．溶質のモル吸光係数εはいくらか．

【**答**】 式(11.3)より，次のようになる．

$$\varepsilon = \log_{10}(I_0/0.997\,I_0)/(1.0 \times 10^{-5} \text{ mol L}^{-1} \times 1.0 \text{ cm})$$
$$= 130 \text{ L mol}^{-1} \text{ cm}^{-1}$$

11.3　光の吸収・放出とエネルギー準位

ここからは，「粒子としての光」に注目しよう．光のかかわる化学現象は，ほとんどの場合，光の粒子性が起こすと考えてよい．γ線から電波まで，粒子とみた電磁波を「光子（フォトン）の集団」と見なす[*7]．

*7 光の粒子性は，20世紀の初頭プランクやアインシュタインが明らかにした（アインシュタインのノーベル賞業績）．なお，日本の高校化学は光の粒子性を扱わないため，物質や溶液が「なぜ色をもつ？」「なぜ色を変える？」にいっさい答えられない．

光子が引き起こす現象を考える際は，次の3点が基礎になる．

① 原子や分子，イオン（以下「分子」と総称）が含む電子は，飛び飛びのエネルギー準位にある（エネルギーの量子化．1章）．
② 光子1個は，振動数（波長）で決まるエネルギーをもつ．
③ 光子1個は，条件が合えば分子1個に吸収される．そのとき光子は消滅し，分子内の電子1個が高いエネルギー準位に上がる（アインシュタインの光化学当量則）．

*8 左辺は「粒子の性質」，右辺は「波の性質」だという点に注意したい．

光子1個のエネルギーEと，光の振動数νは次の関係式(11.4)で結びつき[*8]，比例係数hを**プランク定数**（値は 6.626×10^{-34} J s）という．

$$E = h\nu \tag{11.4}$$

光子数のイメージをつかんでおこう．快晴で太陽が真上にあるとき（日本の緯度ではありえない状況），太陽から地面の $1\ m^2$ に届く可視光の光子は，毎秒ほぼ 10^{21} 個にのぼる．1 分間あたりの量（6×10^{22} 個）は $0.1\ mol$ にあたるから，手ごろなサイズの試料が光を吸収して反応（光化学反応）すれば，目に見える変化が進むことになる．

分子が光子を吸収すると，低いエネルギー準位 E_1 の電子 1 個が，高いエネルギー準位（励起準位）E_2 に移る．E_1 を基底状態，E_2 を励起状態とよぶ（1章）．つまり，両者の差を ΔE として，次の条件に合うとき，光の吸収（共鳴吸収）が起こる．

$$\Delta E = E_2 - E_1 = h\nu \tag{11.5}$$

励起状態になった分子は，余分なエネルギーを捨てて安定になりたい．それには，吸収した光子と同じエネルギーの光子を出すか（蛍光やリン光などの発光），熱の形で捨てる（無放射遷移）[*9]．発光（光の放出）でエネルギーを捨てるありさまを図 11.5 に描いた．

光子の吸収も放出も，「準位間のエネルギー差が合いさえすれば起こる」わけではない．電子が二つの状態間を行き来できる場合を「許容遷移」，行き来できない場合を「禁制遷移」という（その詳細は本書の範囲を超す）．

[*9] 多くの分子は無放射遷移で基底状態に戻り，蛍光やリン光を出す分子のほうが珍しい．

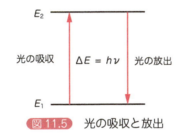

図 11.5　光の吸収と放出

いまは電子状態を考えたが，分子内の原子間振動エネルギーも分子の回転エネルギーも量子化されているため，ΔE に等しいエネルギーの光子で励起される．ただし，電子状態と振動状態，回転状態の ΔE には大差があり（そのため，関係する電磁波のよび名もちがい），むろん ΔE が表す情報もまったく別物だから，それぞれ個別に扱う（p.159 の図 11.11 参照）．

ここから，3 種の状態を 11.4 節で概観したあと，電子励起，振動励起，回転励起の順にくわしく眺め，最終節で再び 3 種の関連をまとめよう．

11.4　電子状態，振動状態，回転状態

電子状態

原子内や分子内の電子は，核（原子核）に束縛されている．核は電子よりずっと重いから，核という固定点（分子なら複数個）のまわりを電子が激しく動き

回っているとみてもよい．電子が決まった軌道を占め，決まった空間分布と（飛び飛びの）エネルギーをもつありさまを，分子の「電子状態」という．

水素原子の安定な基底状態（1s 状態）も，電子状態にほかならない．エネルギー値がぴったりの光子を吸収した水素原子は，励起状態に移る[*10]（エネルギーの足りない光子は素通りする）．むろん励起状態の水素原子は，励起エネルギーを失って基底状態に戻る．

振動状態

分子をつくる複数の原子どうしは，ふつう共有結合でつながっている．原子間の結合は，分子模型なら固定されているけれど，じつはバネでつなげた球 2 個のように伸び縮みを続けている．伸縮の頻度は毎秒およそ 1 兆〜10 兆回にも及ぶ[*11]．

一酸化炭素 CO のような二原子分子を想像しよう（図 11.6）．C−O 間の結合は，たえず伸縮をくり返している．縮みすぎれば，C 原子の核と O 原子の核が静電反発するため，核どうしは遠ざかろうとする．かたや伸びすぎれば，結合電子対が核（正電荷）どうしを引き寄せようとする．こうした伸縮のありさまを，分子の振動状態という．

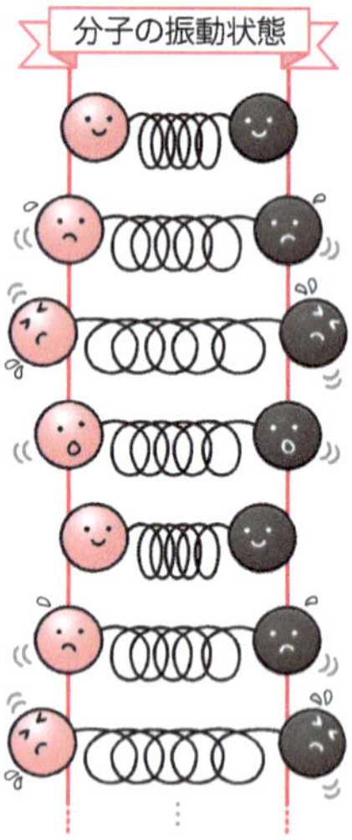

回転状態

三次元空間で CO 分子が行う運動を考えよう．C 原子も O 原子も，ある瞬間の位置は，それぞれ座標 (x, y, z) の値で指定できる．つまり，合計 6 個の座標が決まれば，分子の空間的な姿が決まる．そのことを，「CO 分子には運動の自由度が 6 個ある」という．

具体的な動きはどうか．C−O 間がつながった CO 分子は，全体として x, y, z の 3 方向に並進運動する（自由度 3）．また，上記のとおり C−O 結合は振動している（自由度 1）．差し引きで残る 2 個の自由度が，CO 分子の回転に配分されると考えればよい（表 11.1）．

*10　熱や放電のエネルギーも電子励起（と原子発光）を起こす（量子論の確立につながった現象．1 章）．

*11　電子の動きは核間の伸縮よりさらに素早いため，電子状態を考えるとき核は静止していると考えてよい（前項）．

図 11.6
二原子分子の振動

表 11.1　二原子分子の運動の自由度

運動	自由度
並進	3
振動	1
回転	2
合計	6（2 原子 ×3 自由度）

二原子分子の回転には，等価な軸が 2 本ある．なお，x 軸まわりの回転は「ない」と見なす（図 11.7）．

【例題 11.3】　折れ曲がった三原子分子（H_2O など）は，回転と振動の自由度をそれぞれ何個もつか．

【答】 それぞれ 3 個．自由度の総計は「3×3 原子 ＝ 9 個」ある．うち分子の並進運動が 3 個を使う．回転の自由度は（直線分子ではないから）3 個ある．残る 3 個が振動に配分される（表 11.2）．

表 11.2 非直線三原子分子の運動の自由度

運動	自由度
並進	3
振動	3
回転	3
合計	9（3 原子 ×3 自由度）

以下，電子状態，振動状態，回転状態をそれぞれ節に分け，励起エネルギーの大きさ（および励起や発光にからむ電磁波の波長範囲とよび名）を比べよう．

11.5 電子状態と光

水素の原子スペクトル（1 章）で見たとおり，基底状態（$n = 1$）の水素原子が $n = 2$ の励起状態へと移るには，10.2 eV のエネルギーを要する．光子エネルギー 10.2 eV を波長に換算すれば 122 nm だから[*12]，真空紫外線[*13] の領域にあたる．

HCl 分子の場合，結合を切るのに必要なエネルギー（結合解離エネルギー）は 4.5 eV 程度（波長にして約 280 nm の紫外線）となる．原子間結合の生成は，結合性軌道に電子が入って起きる安定化を表すため，この 4.5 eV も HCl 分子の電子状態にからむ．

11.6 節以降の話を先取りすれば，HCl 分子の振動励起エネルギーは約 0.36 eV，回転励起エネルギーは約 0.0026 eV にすぎない（回転の励起エネルギーは，ほか二つの励起エネルギーよりずっと小さい）．

つまり分子のエネルギーはほぼ電子状態で決まり，分子にとって電子状態の変化は「激変」だといえる．

いくつかの単純な分子について，「電子基底状態 → 励起状態」の遷移エネルギーに相当する紫外域および可視域の吸収極大波長を表 11.3 にまとめた．

表 11.3 分子の紫外および可視吸収極大波長

分子	相	吸収極大波長(nm)	分子	相	吸収極大波長(nm)
O_2	気	141	メタン	気	174
O_3	気	256	エタノール	気	174
H_2O	気	167	エチレン	気	165
N_2	気	<134	ベンゼン	気	253.3
NO	気	<230	アントラセン	MeOH 中	374.5
CO	気	155～120	テトラセン	EtOH 中	471
CO_2	気	147			

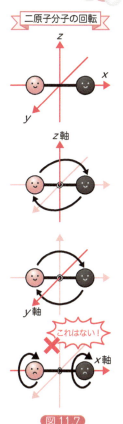

図 11.7 二原子分子の回転

[*12] nm 単位の波長 λ と eV 単位の光子エネルギー E は，$E = 1240/\lambda$ で結びつく．それを覚えておけば，波長の値から光子エネルギー値がたちまちわかる．

[*13] 波長 10～200 nm の紫外線は，地球大気が含む O_2 分子や N_2 分子にも吸収されるため，事実上，真空中でしか十分な距離を進めない．

常温で気体の小分子は，どれも紫外域に吸収極大波長を示す．表 11.3 の中で波長がいちばん長いオゾン O_3 の値（256 nm，光子エネルギー 4.8 eV）も，紫外線の範囲に入る．

共役二重結合をもつ分子の光吸収

表 11.3 中のアントラセン（図 11.8）は，吸収極大波長が可視光に近い．また，アントラセンにベンゼン環 1 個をつなげたテトラセンの極大波長は，はっきりと可視光域に入っている（だからテトラセンは色をもつ）．

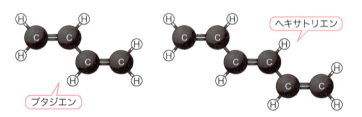

図 11.8　アントラセン（左）とテトラセン（右）

アントラセンもテトラセンも，二重結合と単結合が交互につながった姿をしている．それを**共役二重結合**という．共役二重結合が吸収極大波長を長くする背景につき，単純な二つの分子，1,3-ブタジエンと 1,3,5-ヘキサトリエン（図 11.9）を例に考えよう．

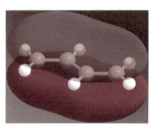 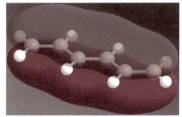

図 11.9　1,3-ブタジエン(a)と 1,3,5-ヘキサトリエン(b)

二重結合は，σ 結合 1 本と π 結合 1 本からできる．π 結合の担い手となる「π 電子」は，共役二重結合（別名「π 電子共役系」）が続いている範囲にかぎり，二重結合の C−C 間ばかりか共役系の全体にも広がる（非局在化する）．共役の原子鎖を 1 本の鎖と考えれば，π 電子は「鎖の上を自由に動き回る」とみてよい（図 11.10）．

図 11.10　1,3-ブタジエン（左）と 1,3,5-ヘキサトリエン（右）内の π 電子

π 電子が空間的に広がるほど，つまり共役鎖が長くなるほど，励起エネルギーは小さくなる[*14]．そのため，1,3,5-ヘキサトリエンの吸収極大波長（可視光に近い 350 nm）は，1,3-ブタジエンの値（真空紫外に近い 217 nm）よりもだいぶ長い．

構造式を $C_6H_5(CH=CH)_lC_6H_5$ と書くジフェニルポリエン類でも，l が大きくなる（鎖が長くなる）ほど，吸収極大波長は紫外線の領域から可視光域へと移っていく（表 11.4）．

このように分子の構造は，とりわけ分子内で π 電子が示す広がりは，光吸収の波長（や物質の色）に大きく影響する．

11.6 振動状態と光

量子力学によると，二原子分子の伸縮振動を表すエネルギーは，$\hbar\,(= h/2\pi)$ と結合のバネ定数 k を使って次式（11.6）に書ける．

$$E = \hbar\sqrt{\frac{k}{\mu}}\Big(n+\frac{1}{2}\Big) \qquad n = 0,\,1,\,2,\,3,\,\cdots \tag{11.6}$$

換算質量とよぶ μ は，二原子分子を構成する原子の質量 m_1 と m_2 から次のように定義される．バネ定数も換算質量も，分子それぞれで決まった値になる．

$$\frac{1}{\mu} = \frac{1}{m_1}+\frac{1}{m_2} \tag{11.7}$$

式（11.6）の「$n = 0, 1, 2, 3, \cdots$」からわかるとおり，電子エネルギーと同じく振動エネルギーも量子化され，飛び飛びの値しかとれない．いちばん安定な振動状態のエネルギーは，$n = 0$ として次の値になる．

$$E = \frac{\hbar}{2}\sqrt{\frac{k}{\mu}} \tag{11.8}$$

ひとつ上の振動励起状態（$n = 1$）は次式のエネルギー値をもつため，エネルギー差は $\Delta E = \hbar\sqrt{\dfrac{k}{\mu}}$ と書ける．

$$E = \frac{3}{2}\hbar\sqrt{\frac{k}{\mu}} \tag{11.9}$$

既知の k 値と μ 値から計算した ΔE 値（0.01〜0.3 eV）は波長に換算して 3〜100 μm，つまり近赤外〜赤外域の電磁波にあたる．

分子は赤外線を吸収して振動状態を変える．赤外線の吸収度合いと波長の関係を**赤外吸収スペクトル**（振動スペクトル）という[*15]．分子内にはさまざまな振動様式（振動モード）があり，それぞれ特有の波長を強く吸収するため，

[*14] 光を振動電場（波）とみたときは，核（の集団）に弱く束縛されている π 電子が「揺さぶられやすい」イメージになる．

表 11.4 ジフェニルポリエンの鎖の長さ l と極大吸収波長の関係

鎖長 l	吸収波長（nm）
1	319
2	352
3	377
4	404
5	424
6	445

ジフェニルポリエン：$C_6H_5(CH=CH)_lC_6H_5$

[*15] 赤外吸収スペクトルの横軸には通常，波長ではなく波数（距離 1 cm に含まれる波の数．10〜4000 cm^{-1}）を使う．

158　11章 ● 光と分子

赤外吸収スペクトルは分子構造についてのくわしい知見をもたらす.

11.7　回転状態と光

分子の回転エネルギーも量子化されている. 二原子分子なら, 回転量子数 J を使って回転エネルギーは次式 (11.10) のように書ける.

$$E = \frac{\hbar^2}{2I}J(J+1) \qquad J = 0, 1, 2, 3, \cdots \qquad (11.10)$$

分子の慣性モーメントとよぶ I は, 換算質量 μ と結合の長さ r から $I = \mu r^2$ と表せる.

式 (11.10) より, 回転の基底状態と第一励起状態とのエネルギー差は次の式 (11.11) のように書ける.

$$\Delta E = E_{J=1} - E_{J=0} = \frac{\hbar^2}{2I}(2-0) = \frac{\hbar^2}{I} \qquad (11.11)$$

現実の分子 $H^{35}Cl$ ($I = 2.68 \times 10^{-47}$ kg m^2) だと, ΔE はこうなる.

$$\Delta E = \frac{\hbar^2}{I} = \frac{h^2}{(2\pi)^2 I} = \frac{(6.626 \times 10^{-34})^2}{(2 \times 3.14)^2 \times 2.68 \times 10^{-47}}$$
$$= \frac{43.90 \times 10^{-68}}{105.7 \times 10^{-47}} = 0.42 \times 10^{-21} \text{ J} = 2.6 \times 10^{-3} \text{ eV} \qquad (11.12)$$

光子エネルギー 2.6×10^{-3} eV は, 波長にして約 0.5 mm だから, マイクロ波域の電磁波を表す[*16]. そのため, 回転準位間の遷移が生む吸収スペクトルをマイクロ波スペクトルとよぶ.

実測のマイクロ波スペクトルから分子の慣性モーメント I がわかり, ひいては結合長 r が計算できる.

[*16]　$\Delta E = h\nu$ の関係より, 1秒間の回転数 ν は約 6300 億回だとわかる.

11.8　波長域でみる電子励起, 振動励起, 回転励起

いままで, 分子のもつ状態間の遷移を眺めてきた. 以下, 電子励起, 振動励起, 回転励起のエネルギーを改めて比べよう.

電子励起に必要なエネルギーはかなり大きく, おもに紫外域の光子を要する. 共役二重結合をもつ大型の分子だと, 空間的に広がった π 電子の励起に必要なエネルギーが下がる結果, 可視域の光子でも励起できる (そんな分子やイオンが色をもつ).

振動励起に必要なエネルギーは電子励起よりだいぶ小さく, 赤外域の光子でよい. 回転励起の所要エネルギーはずっと小さい (マイクロ波域の光子ですむ).

以上のことを図 11.11 にまとめた. 電子状態, 振動状態, 回転状態はエネルギー面で互いに離れているため, 空白の波長域がある.

COLUMN　生体の窓

　生物体は，無色の水やタンパク質分子と，一部の有色分子（動物のヘモグロビン，植物のクロロフィルやカロテン類）からなる．タンパク質も有色分子も，電子励起に相当する光吸収を 600 nm より短波長側にもつ．かたや水は，振動励起に相当する赤外吸収を 1 μm より長波長側に示す．

　二つを合わせると 700～900 nm の波長域（可視光末端～近赤外線）は，水もタンパク質分子も光吸収しない．つまり光が生体内に入りこめるため，生物学の分野では「生体の窓」とよぶ（図）．その事実を利用し，近赤外線を使って生体組織の内部を探る研究が多い．

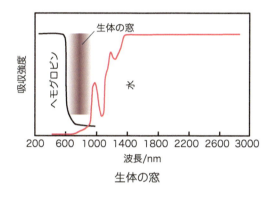

生体の窓

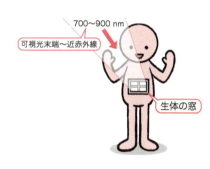

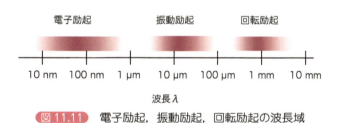

図 11.11　電子励起，振動励起，回転励起の波長域

1. ジフェニルポリエン $C_6H_5(CH=CH)_6C_6H_5$ は，445 nm に吸収極大を示す．励起エネルギーは何 eV か．
2. $^{79}Br^{19}F$ の振動励起には 0.0471 eV を要する．バネ定数 k はいくらか．
3. $^{14}N^{16}O$ の回転励起には 4.2×10^{-4} eV を要する．$^{14}N^{16}O$ 分子の慣性モーメントと結合長を計算せよ．

終章 物理化学とノーベル賞

　物理化学（理論化学）は，物理の理屈で化学現象を解き明かす．そのため，芽生え期（19世紀中ごろ）～発展期（20世紀前半）には，物理学者が土台をつくり，化学者は物理の成果をもとに化学結合や反応を掘り下げた．その状況はいまなお続く．

　つまり化学の根元には物理がある．日本の高校では『化学』と『物理』をまったくの別物として教えるし，1973年以降の科目選択制が，物理を学んでいない化学系の学生を増殖させた．教える側は苦労する．

　本書の中身とからむ話にかぎり，物理化学の発展につながったノーベル賞を振り返ってみよう．

　授賞開始が1901年のノーベル賞は，存命者だけに与えられる．熱力学第一法則（6章）の確立に大活躍したH・ヘルムホルツ（1821～1894）などは，だから間に合っていない．時期的にギリギリで滑りこめなかったとか，急死で受賞を逃した人がいる．ノーベル賞学者の紹介に先立ち，そんな大物4名を生年順に讃えておこう．

0. ノーベル賞以前の偉大な理論科学者たち

W・ギブズ（アメリカ，1839～1903）

W・ギブズ

　アメリカ初の工学系博士号（1863年）をとり，数学や統計力学にも大きな足跡を残すギブズは，物理の熱力学第二法則を「化学者にも使える形」に整形し，ギブズエネルギー（7章）を提案してくれた[*1]．化学ポテンシャルの発想（9章）はギブズの提案による．不均一系平衡の扱いに必須の「相律」も1877年前後に発表している．

　彼の仕事は，当時まだ「途上国」だったアメリカ国内では注目を引かなかったが，次項のボルツマンとセットで名を残すJ・マクスウェル（1831～1879）など，欧州の研究者には高く評価された．あいにく他界がノーベル賞

*1　自発変化の向きを示す「宇宙（系＋外界）のエントロピー増加」$\Delta S_{宇宙} > 0$ を，「系の量 ΔH と ΔS」だけで $\Delta G = \Delta H - T\Delta S < 0$ と表した．

L・ボルツマン

*2 海外にはファーストネームやセカンドネームを複数もつ人が多い．ボルツマンも Ludwig Eduard Boltzmann だが，いちばんなじみ深いファーストネーム1個を英文字で示す（以下の人たちも同様）．

*3 ウィーン中央墓地の墓石に定義式 ($S = k \log W$) が彫ってある．

G・ルイス

創設の直後だったため，受賞を逃すこととなる．

L・ボルツマン[*2]（オーストリア，1844～1906）

分子運動論もマクスウェル・ボルツマン分布（5章）もボルツマン定数も，物理と化学のあらゆる場面に顔を出す．エントロピー（7章）の統計力学的定義[*3]や，電磁気学と数学の研究でも名高い．放射強度と振動数の関係を表すシュテファン・ボルツマンの法則は，量子論の芽生えと量子力学（2章）の確立をおおいに助けた．

物質が原子からできていることは，いまや中学校でも習う．100年と少し前にボルツマンも「原子論」を唱えたけれど，当時の大物はたいてい原子の実在を否定していた．そんな人々との論争に疲れて精神を病み，最後はスイスの保養地で自殺したため，ノーベル賞は受賞できていない．

G・ルイス（アメリカ，1875～1946）

価電子の簡便な表記法（ルイス構造．4章）に思い至り（萌芽が図❶），オクテット則を提案して化学結合論の基礎を敷いた（1916年）．また，ルイス酸・塩基の定義とか，さまざまな物質のギブズエネルギー（7章）を25年ほどかけて算出した仕事など，輝かしい業績をもつ．後述のアインシュタインが提案していたドイツ語 Lichtquant を photon（光子．11章）と英訳したのもルイスだった．

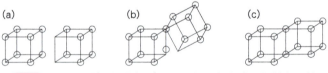

図❶　ルイスが1902年ごろノートに書き残した結合の絵

「20世紀最高の化学者」と讃える人も多いルイスは，かなり我の強い人だったらしい．当時の大物たちとソリが合わず，3度もノーベル賞候補になりながら受賞を阻止されたという噂も残る．かりに，そのうち穏やかな性格に変わったとしても，シアン化水素（青酸）を使う実験中に中毒死したため，受賞はできなかった．

H・モーズリー

H・モーズリー（イギリス，1887～1915）

1860年代（日本の幕末～明治初期）にロシアのメンデレーエフやドイツのマイヤーが発表した周期表は，いまのいいかたなら「原子量の順」に元素を並べていた．しかしそれだと，CoとNi，TeとIなど，化学的な性質と整合しない箇所ができてしまう．

ラザフォード（後述）のもとで研究したモーズリーは，さまざまな元素が出

す特性 X 線の波長をくわしく調べ，元素配列の指標は原子核の陽子数（つまりは原子番号）だと見抜く．ノーベル賞は確実との世評はあったものの第一次大戦に出征し，ガリポリ（現トルコ）の戦いで戦死した．享年 27 は，いまなら学位取得の最低年齢にあたる（飛び級はないとして）．

ここから物理化学を 3 分野に分け，受賞年の順にノーベル賞研究者を紹介しよう．物理化学との「ニアミス」も含めればほかにも大勢いるけれど，紙幅を考えて 18 名にかぎった．

1. 原子のつくりと量子力学

E・ラザフォード（英国領オーストラリア，1908 年化学賞，1871 〜 1937）

授賞理由「放射壊変の研究」は，α 粒子と β 粒子の発見（1898 年），放射壊変説の提唱（1902 年），γ 線の命名（1903 年）などを指す．受賞から 11 年後の 1919 年には，人類初の元素変換（式①）もなしとげている．

E・ラザフォード

$$^{14}_{7}\text{N} + ^{4}_{2}\alpha \longrightarrow ^{17}_{8}\text{O} + ^{1}_{1}\text{p} \quad ①$$

ただし物理化学としては，受賞後の 1911 年に行われた α 線散乱実験（原子のつくり解明）が名高い．金などの薄膜に α 線を当て，散乱角をこまかく調べたところ，「極微の核を電子の雲がとりまく姿」が原子だとつかむ（1 章）．それをきっかけに，ボーア（後述）の古い量子論が，新しい量子力学（2 章）に脱皮していくこととなる．

世に「原子物理学の父」ともいう彼の名は，104 番元素ラザホージウム Rf（命名 1997 年）に残る．

M・プランク（ドイツ，1918 年物理学賞，1858 〜 1947）

量子論の夜明け前には「黒体放射」が物理学者の関心を引き，古典物理学ではスペクトルを説明できないとわかる．プランクは，電磁波が「振動数 ν で決まる最小エネルギー E をもつ粒子の集団」だと見抜いて 1900 年，粒子の性質（左辺）と波の性質（右辺）をつなぐ次式を提案した（11 章）．比例定数 h をプランク定数とよぶのはご存じのとおり．

M・プランク

$$E = h\nu \quad ②$$

上式を皮切りに古い量子論が芽生え，1925 〜 1926 年の量子力学（2 章）へとつながっていく．授賞理由「エネルギー量子の発見による物理学への貢献」がそれをありありと語る．

A・アインシュタイン

A・アインシュタイン（ドイツ，1921年物理学賞，1879〜1955）

アインシュタインの授賞理由は，意外なことに相対性理論ではなく，「光電効果の解明」だ．26歳だった1905年，スイス特許庁の審査官を本務としながら，「特殊相対性理論」「ブラウン運動の理論」「光量子仮説」にからむ論文5篇を発表．うちブラウン運動が学位論文に，光量子仮説がノーベル賞業績になった．いうまでもなく，光のからむ化学現象（11章）は，光を「粒」と考えないかぎり説明できない．

ナチスの迫害を逃れて1935年に渡米したあとは，原爆開発の推進など，政治・社会面で多彩な仕事をした．彼の名は，南太平洋で行われた水爆実験の副産物として1952〜1953年に見つかった99番元素アインスタイニウムEsに残る（同時に確認されたのが100番元素フェルミウムFm）．

N・ボーア

N・ボーア（デンマーク，1922年物理学賞，1885〜1962）

古い量子論（前期量子論）を生み，「原子構造と原子の放射に関する研究」で受賞．イギリスのラザフォード研究室に滞在中，実験はせず頭のなかで量子論を組み立てたという．1921年コペンハーゲンに設立した研究所は，原子物理学研究のメッカとなった．量子力学を受け入れないアインシュタイン（「神はサイコロを振らない」）と交わした論争も名高い．

1997年には，彼の業績を讃えて107番元素がボーリウムBhと命名されている．

F・アストン

F・アストン（イギリス，1922年化学賞，1877〜1945）

化学分野で知名度はさほど高くはないけれど，「質量分析器の開発」で受賞．原子量の測定精度を何桁も上げ，同位体（1章）の精密な分離をなしとげた．相対性理論にからめてアインシュタインが発表した式③をもとに，核子（陽子＋中性子）の結合エネルギーと質量欠損を結ぶ理論の確立にも寄与したことになる．

$$E = mc^2 \qquad ③$$

L・ド・ブロイ（フランス，1929年物理学賞，1892〜1987）

アインシュタインの光量子仮説（1905年）や，電子がX線を散乱する「コンプトン効果」の発見（1923年）に触発され，電子を含めたあらゆる物質・物体が波動性をもつと提唱（物質波の理論）．運動量pと波長λの関係を次式（ド・ブロイの式）に表した（1924年の学位論文）．

$$\lambda = \frac{h}{p} \qquad ④$$

式④は，次項のシュレーディンガーが波動力学（2章）を提唱する際の基礎になった．授賞理由は「電子の波動性の発見」．

E・シュレーディンガー(オーストリア，1933 年物理学賞，1887〜1961)

1926 年の *Annalen der Physik* 誌に発表した計 5 篇の論文で「波動力学」を提案し，近似解を求める摂動論なども含めて量子力学(2 章)を整えた(授賞理由：新形式の原子論発見)．2 年後の 1928 年にはイギリスの出版社が英訳の論文集を刊行している．

論文出版の前年に W・ハイゼンベルク(1901〜1976．1932 年物理学賞)が発表していた「行列力学」(2 章)と波動力学の等価性も証明し，量子力学の確立に果たした役割はいくら強調しても足りない．建設期の勢いというものだろう，プランクの量子仮説(1900 年)からわずか四半世紀のうちにおびただしい若手研究者が参画し，「新しい物理学」が誕生した事実は感動ものだ．

E・シュレーディンガー

W・パウリ(スイス，1945 年物理学賞，1900〜1958)

1920 年代の中期，形をなしつつあった量子力学の理論と実験結果(原子の発光スペクトル．1 章)との矛盾を解くため，やがて「スピン量子数」とよばれる新しい量子数を提案した．同じ軌道には逆向きスピンの対しか入れないという「排他律」(3 章)につながる．その発想をもとに 1926 年，水素原子のスペクトルを説明しきった(授賞理由：排他律の発見)．

1930 年には，原子核壊変の実測データをもとに「質量のごく小さい中性粒子」の存在を予言し，4 年後に E・フェルミ(1901〜1954．1938 年物理学賞)がそれをニュートリノと命名している[*4]．

W・パウリ

[*4] ほどなくニュートリノは「質量ゼロ」とされたものの，およそ 80 年後に日本の研究で「質量あり」と確認され，2015 年のノーベル物理学賞(梶田隆章氏)につながった．

W・リビー(アメリカ，1960 年化学賞，1908〜1980)

放射化学の研究歴を買われて原爆開発のマンハッタン計画に参加したリビーは終戦後の 1946 年，半減期 5730 年で式⑤のように β 壊変する放射性同位体(1 章)^{14}C が，古い遺物の年代測定に使えることを実証した(授賞理由：^{14}C 年代測定法の研究)．

W・リビー

$$^{14}_{6}\text{C} \longrightarrow {}^{14}_{7}\text{N} + \beta^{-} \qquad ⑤$$

^{14}C 年代測定法は，歴史記録の信頼性が落ち始める 500 年前から，人類が定住を始めた数万年前までをカバーできるため，考古学に願ってもない手法となっている．

166　終章　●　物理化学とノーベル賞

2. 量子化学・化学結合論

P・デバイ

L・ポーリング

*5　Introduction to Quantum Mechanics: With Applications to Chemistry. いま同書の新訳作業が進行中.

*6　The Nature of the Chemical Bond〔邦訳：小泉正夫,『化学結合論』, 共立出版 (1962)〕.

R・マリケン

*7　電気陰性度はポーリング以来 13 種が発表され, 1991 年発表の版〔L. C. Allen, E. T. Knight, *J. Molec. Struct.*, **261**, 313 (1991)〕は, 貴ガスを含む 58 元素に小数点以下 2 桁の値を掲載.

P・デバイ（オランダ, 1936 年化学賞, 1884～1966）

　非対称分子がもつ双極子モーメント（5 章）の研究（単位「デバイ」に名を残す. 1912 年）や, 熱容量の量子論的解析（デバイの比熱式. 同年）, X 線散乱法の洗練（デバイ–シェラー法）, 電解質溶液論（デバイ–ヒュッケル式. 1923 年）, コンプトン効果の説明など, 分子構造をめぐる研究に大きな足跡を残す（授賞理由：分子構造の研究）.

L・ポーリング（アメリカ, 1954 年化学賞, 1901～1994）

　量子力学の確立からたちまち化学への応用を展開し, 1935 年（33 歳）には大部な本[*5]を出している. 混成軌道（4 章）の提唱（1931 年）, 電気陰性度（5 章）の提案（1932 年）などを含めた教科書[*6]（1939 年）でもよく知られ,「新しい化学」を拓いた仕事はまことに大きい（授賞理由：化学結合の本性と分子構造の研究）.

　研究は生化学にまで及び, タンパク質の構造解析も手がけた（DNA の構造を「三重らせん」と提唱したのは勇み足）. 1962 年には, 核実験反対運動を評価されてノーベル平和賞も受賞している.

R・マリケン（アメリカ, 1966 年化学賞, 1896～1986）

　分子軌道法（4 章）をもとに分子の電子構造を解き明かした（授賞理由：分子軌道法による化学結合と分子の電子構造解明）. 原子の構成原理（3 章）に名を残す F・フント（1896～1997）との共同研究（フント–マリケンの理論）も名高い（フントは 101 歳まで生きたがノーベル賞は受賞せず）.

　電気陰性度については, ポーリングの提案から 2 年後の 1934 年, 別の発想で独自の値を発表している[*7]（5 章）.

3. 熱力学・溶液論・反応論

J・ファントホッフ

J・ファントホッフ[*8]（オランダ, 1901 年化学賞, 1852～1911）

　ノーベル化学賞の第 1 号に輝いたファントホッフは, 立体化学（1874 年）と反応速度論（1884 年. 8 章）の本を刊行したほか, 化学平衡や浸透圧, アレニウス（次項）の電解質理論なども研究し, 物理化学の広い領域で基礎を築いた（授賞理由：化学熱力学の研究と浸透圧の発見）. 炭素化合物がもつ四面体

結合(4章)*9 を提唱した際は，ドイツの大物化学者 H・コルベ(1818～1884)から痛烈な批判を受けている．

S・アレニウス(スウェーデン，1903年化学賞，1859～1927)

1884年の学位論文で，いまや中学生も習う「電解質のイオン解離」を初めて提唱した(イオンは「電解したときにだけ生じる」というのがそれまでの常識)．直後には酸と塩基の定義も発表．国内ではさほど注目されなかったが，外国に渡ってボルツマンやファントホッフなどと活発な共同研究を進めた(授賞理由：電解質溶液論の研究)．

1989年には化学反応の活性化エネルギーに思い至り，反応速度式(アレニウスの式，8章)を提案した．同じころ，CO_2の赤外線吸収に注目する「大気の温室効果」を考え，寒冷化を抑える温室効果は人類にとって福音だと述べている．

J・ファンデルワールス(オランダ，1910年物理学賞，1837～1923)

1873年の学位論文に，分子間力(5章)と分子自体の体積を考えた「実在気体の状態方程式」を提案し，その成果をマクスウェル(前述)が『ネイチャー』誌で絶賛した(授賞理由：気体と液体の状態方程式に関する研究)．彼の状態方程式は，水素やヘリウムの液化技術に応用されている．

以後は，ギブズの熱力学理論を使う混合気体の理論や，表面張力の理論(1893年)，気体分子運動論(5章)にもとづく熱力学ポテンシャルの理論などを発表し，物理化学の基礎を敷いた．

F・ハーバー(ドイツ，1918年化学賞，1868～1934)

第一次大戦に向かう時期，ハーバーは政府の意向に応え，空気中の窒素から爆薬の原料となる窒素化合物をつくる研究に挑んだ．少量の合成は1906年に成功したが，ネルンスト(次項)から手きびしい批判を受け，いっそう熱を入れたという逸話が残る．

化学平衡(9章)をもとに触媒をくふうし，技術者ボッシュ(後述)の助太刀を仰いで実機を1912～1913年ごろに仕上げ，爆薬のほか肥料(食糧増産)の面でも世界を救った(授賞理由：アンモニア合成法の開発)．

M・ボルン*10(1882～1970．1954年物理学賞)と共同でイオン固体の格子エンタルピー(7章)の計算法(ボルン–ハーバーサイクル，1919年)を仕上げた成果も名高い．

体制主義者だったハーバーは，戦争用毒ガスの開発でも名高い．第一次大戦のあとは戦争賠償金を調達したい政府に「海水からの金採取」を提案したが，金の濃度を1000倍に過大評価していたため，計画は途中で頓挫した．

*8 名前の綴りは，「van」「't」「Hoff」がそれぞれ別語だから，スキマを空けて van 't Hoff のように書く(van't Hoff と誤記した英和辞典が多い)．

*9 ライデン市(オランダ)のブールハーフェ博物館には，ファントホッフがボール紙で自作した四面体模型が展示されている．

S・アレニウス

J・ファンデルワールス

F・ハーバー

*10 英国の歌手オリビア・ニュートン＝ジョンはボルンの孫娘．

W・ネルンスト

W・ネルンスト（ドイツ，1920 年化学賞，1864〜1941）

　若いころ前述のボルツマンやアレニウスと共同研究したネルンストは，電池の研究中に「ネルンストの式」（10 章）を着想する．1905 年ベルリン大学に招聘され，物理化学の研究と教育を進めた．エントロピーの絶対値の決定につながる「熱力学第三法則」の着想を得たのは講義中だったという（授賞理由：熱化学の研究）．

$$\text{熱力学第三法則}：T \to 0 \text{ で } \Delta S \to 0 \qquad ⑥$$

　プランクと協力してアインシュタインをベルリンによび寄せるなど，科学者の交流を進めた面でも名高い（第 1 回ソルベー会議の主催者）．

K・ボッシュ

K・ボッシュ（ドイツ，1931 年化学賞，1874〜1940）

　BASF 社（2016 年の時点で世界最大の総合化学メーカー）の社員だったボッシュはハーバー（前述）の要請に応え，1908〜1913 年にアンモニア合成プラントを開発した（授賞理由：高圧化学的方法の発明と開発）．第一次大戦後も高圧化学法を駆使し，ガソリンやメタノールの合成法を研究している．

付録 標準生成ギブズエネルギーと標準電極電位

反応の「向き」「勢い」「ゴール」を教えてくれる量

熱力学の中身を煮つめると出る二つの量が，化学現象を見晴らすうえで強力なツールになる．それぞれの意味と使いかたを身につけよう．

1. 反応のエンタルピー変化

水素 2 mol と酸素 1 mol が 2 mol の水蒸気になる反応を考えよう．

$$2H_2 + O_2 \longrightarrow 2H_2O(g) \qquad ①$$

①は，O=O 結合 1 本と H–H 結合 2 本を切ったあと，6 個の原子から O–H 結合 4 本をつくる変化とみてよい（図 1）．結合の切断にはエネルギーを使い（上向き破線），結合の生成ではエネルギーが出る（下向き破線）．

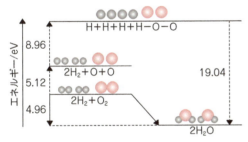

図 1 「結合の完全切断→新しい結合の生成」とみた水素の燃焼（気相中）

数値が簡単な eV 単位でエネルギーを表せば（1 eV ＝ 96.5 kJ mol^{-1}），水蒸気 2 mol につき 4.96 eV ＝ 479 kJ のエネルギーが出る．1 mol あたりの 239 kJ は，誤差 1.2% で水素の実測燃焼熱 242 kJ mol^{-1} に合う．

温度が 25 ℃ なら生成物は液体の H$_2$O(l) になる．H$_2$O(g) → H$_2$O(l) は 44 kJ mol の発熱だから，1 mol あたり計 242 ＋ 44 ＝ 286 kJ のエネルギーが出る．

このような，結合の組替えや状態変化に伴うエネルギーの出入りを**エンタルピー変化**（記号 ΔH）という．Δ は「行き先」から「出発点」を引く操作を表し，いまの例では反応式と ΔH を式②のように書く．

$$H_2 + \frac{1}{2}O_2 \longrightarrow H_2O(l)$$
$$\Delta H = -268 \text{ kJ} \qquad ②$$

観測量だと，ΔH は**定圧条件で出入りする熱**を表す．水素の燃焼は，ΔH が負で絶対値が大きいから，爆発的に進んで大量の熱を出す．つまり反応の向きと勢いは ΔH がほぼ決めるが，「登り坂」の蒸発 H$_2$O(l) → H$_2$O(g) も支障なく進むため，ΔH だけでは判断できないことになる．

ΔH 値は，反応が途中でたどる経路によらない（ヘスの法則）．そんな量（本例ではエンタルピー H）を**状態量**という（後述のエントロピー S，ギブズエネルギー G も同類）．だから，途中で複雑なルートを経る反応①の ΔH も，図 1 のような単純化した考察から見積もってよい．

なお，日本の高校化学では②を「H$_2$ + $\frac{1}{2}$O$_2$ ＝ H$_2$O ＋ 286 kJ」のような「熱化学方程式」に書き，「水の生成熱は 286 kJ mol^{-1}」と教える．しかし国際的に通用しない表記だから，本シリーズでも使わない．海外で「熱化学方程式」といえば，式②のような表記を指す．

2. 反応のエントロピー変化

熱を吸収する蒸発(第1項)や，温度低下を伴う溶解などは，「物質の粒子がバラバラ(乱雑)になる度合い」も変化の駆動力だと語る．そこで1900年ごろ，粒子や粒子集団の乱雑さを**エントロピー**(記号 S)という量で表す理論ができた．

S は「**粒子の行動範囲を表す数の桁**」だと思えばよい．行動範囲は体積 V などで表せる．数の桁は，その数の対数にあたる．自然対数で $S \propto \ln V$ と書いたとき，比例定数は気体定数 R に等しい(じつのところ S は，そうなるように定義された)．つまり $S = R \ln V$ と書けて，V が10倍になるたびに S は一定量($R \ln 10 = 19 \, \mathrm{J \, K^{-1} \, mol^{-1}}$)ずつ増えていく．

S の単位は気体定数 R と同じ $\mathrm{J \, K^{-1} \, mol^{-1}}$ だから，絶対温度をかけた TS が，$\mathrm{J \, mol^{-1}}$ 単位のエネルギーになる．

粒子の集合状態と ΔS の関係を図2に描いた．一定温度のもとで自発変化は，S が増える($\Delta S > 0$ の)向きに進みやすく，そのとき $T\Delta S > 0$ だけれど，以後の内容に合わせるため，負号をつけた $-T\Delta S < 0$ をカッコ内に付記してある．

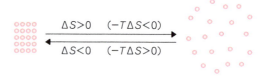

図2 粒子の集合状態とエントロピー変化 ΔS の関係(イメージ図)

反応②では，広い空間にいた気体が体積の小さい液体に変わるから $\Delta S < 0$(具体的には $\Delta S = -163 \, \mathrm{J \, K^{-1} \, mol^{-1}}$)となり，25℃(298 K)のとき $-T\Delta S$ は $+49 \, \mathrm{kJ \, mol^{-1}}$ という値をもつ．ΔS だけ見ると右には進みにくい変化だが，ΔH が大きな負値($-286 \, \mathrm{kJ \, mol^{-1}}$)なので右向きに進む(それが第3項のポイント)．

エントロピー：二つの定義は同じこと

エントロピーは19世紀の末，次の二つの形で定義された．

- **ボルツマンの定義**(粒子1個のエントロピー)：$S = k_B \ln W$　　　(1)

  W は粒子がとるミクロ状態(実空間の広さ×運動の自由度)の数，k_B はボルツマン定数(k_B にアボガドロ定数 N_A をかけたものが気体定数 R)を表す．

- **熱力学の定義**(マクロ系のエントロピー変化)：$\Delta S = q/T$　　　(2)

  q は物質が可逆的に(じわじわと)受けとる熱，T は物質の絶対温度を表す．

まず定義(2)を1 mol の理想気体に当てはめる．温度が一定で圧力が p，体積の変化が ΔV のとき，受けとった熱 q は外界を押す仕事 $p\Delta V$ に使われるため，(2)は $\Delta S = p\Delta V/T$ と書ける．それを微分形とした $dS = pdV/T$ に状態方程式 $pV = RT$ を入れると $dS = RdV/T$ になり，$V_1 \sim V_2$ の範囲で積分すれば次式を得る．

$$\Delta S = R \ln(V_2/V_1) \quad (3)$$

かたや定義(1)は，両辺に N_A をかけて $S = R \ln W$ となる．「粒子の行動範囲」と考えてよい W は体積 V に比例するから式(4)が成り立ち，式(3)にぴったりと合う．

$$\Delta S = R \ln V_2 - R \ln V_1 = R \ln(V_2/V_1) \quad (4)$$

つまり，似ても似つかない(1)と(2)の意味は同じだとわかる．

3. 反応のギブズエネルギー変化

これまでに説明してきたことは，次のようにまとめられる．

　A　エンタルピー(熱量)Hは$kJ\,mol^{-1}$単位のエネルギーで，自発変化は，Hが減る($\Delta H < 0$)発熱の向きに進みやすい．
　B　エントロピーSにTをかけたTSも$kJ\,mol^{-1}$単位のエネルギーで，自発変化は，TSが増す($-T\Delta S < 0$)乱雑化の向きに進みやすい．

HとTSは同格のエネルギーだから，ΔHと$-T\Delta S$の和($\Delta H - T\Delta S$)を考えると都合がよい．$H - TS$を**ギブズエネルギー**とよび，記号Gで表せば，**自発変化は G が減る**($\Delta G < 0$ の)向きに進む．

$$自発変化の条件：\Delta G = \Delta H - T\Delta S < 0 \qquad ③$$

エントロピー項($-T\Delta S$)の意味は何か？　粒子集団の乱雑さを減らす(たとえば混合物を分ける)にはエネルギーを要する．かたや乱雑さが上がるのは自発変化なので，余ったエネルギーが外に出る．

水素の燃焼(式②)は前者の例になる．$-\Delta H$ = 286 kJ のエネルギーが出るはずの反応が進むうち，$-T\Delta S$ = 49 kJ が内部で消費されてしまい，$-\Delta G$ = 237 kJ しかとり出せない．つまりエントロピー項は「**人間が制御できないエネルギー**」なので，それをΔHから引いたΔG(自由に使える分)を，ときにギブズ**自由エネルギー**とよぶ．

$図3$　反応 $H_2 + \dfrac{1}{2} O_2 \to H_2O(l)$ のエネルギー図

水素の燃焼について，ΔHとΔGの関係は**図3**のように描ける．$-\Delta G$は電気エネルギーや光エネルギーと直接換算でき(ΔHは換算不能)，仕事に使えるエネルギーだから，**化学変化からとり出せる最大仕事**ともよぶ．

以上をやや長い準備として，本題に入ろう．

4. 標準生成ギブズエネルギー $\Delta_f G°$

[化合物]　どんな化合物でも，単体を原料にした「生成反応」の式が(架空にせよ)書ける．現実に進む水素の燃焼(式②)は，$H_2O(l)$ の生成反応にほかならない．

25℃・1 atm のもと，生成反応で化合物 1 mol をつくるのに必要な仕事を**標準生成ギブズエネルギー**といい，$\Delta_f G°$ で表す(f は formation = 生成)．液体の水 $H_2O(l)$ なら，上記より $\Delta_f G°$ = $-237\,kJ\,mol^{-1}$ となる．なお，25℃・1 atm で安定な単体(元素の数だけ存在)の$\Delta_f G°$ は 0 とみなす．

記号「°」は，物質がどれも活量 = 1 の**基準状態**にあることをいう(活量は後述)．気体は圧力 1 atm，溶質は濃度 $1\,mol\,L^{-1}$ とみてよい．固体や液体なら，純物質が基準状態になる(**図3**のΔHなどには「°」をつけた)．

$\Delta_f G°$ は「投入する仕事」だから，**値が正の化合物は「原料の単体群よりエネルギーが高い」つまり相対的に不安定**(活性)で，**値が負の化合物は安定**(不活性)だといえる．

なお，**図3** 中の ΔH = $-286\,kJ$ を $H_2O(l)$ の**標準生成エンタルピー**といい，符号を逆転させた

ものが高校化学の「生成熱」にあたる．

[イオン] ある陽イオンや陰イオンだけを含む水溶液はつくれないため，イオンの $\Delta_f G°$ 値は必ず相対値になる．たとえばNaCl水溶液とKCl水溶液の測定データからNa$^+$とK$^+$の $\Delta_f G°$ 差はわかっても，各イオンの $\Delta_f G°$ 値はわからない．

そこで，水溶液中の水素イオンH$^+$(活量1≒濃度1 mol L^{-1})の $\Delta_f G°$ を0と約束し，ほかのイオンの $\Delta_f G°$ は相対値で表す．

以上のように決めた $\Delta_f G°$ のごく一部を図4に示す．右側に中性の化合物を，左側にイオンを置いた．$\Delta_f G° = 0$ のラインには，上記の約束どおり，単体(約90種の一部)と水素イオンH$^+$が並んでいる．

$\Delta_f G° > 0$ の物質(NOやCu^{2+})は，どちらかといえば不安定だといえる．また $\Delta_f G° < 0$ の化合物やイオンは，どちらかといえば安定で，絶対値が大きいほど安定な物質だと考えてよい(その典型がCO$_2$)．

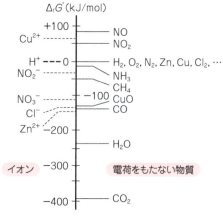

図4 標準生成ギブズエネルギー $\Delta_f G°$ の例

5. $\Delta_f G°$ 値でつかむ変化の向き

$\Delta_f G°$ の使いかたを説明しよう．両辺を等号で結んだ次の反応は，どちら向きに進むのだろう(式を見て，すぐ向きを判断できる人はいない)．

$$Cl_2(g) + NO_2^- + H_2O(l) = 2Cl^- + NO_3^- + 2H^+ \quad ④$$

まず，各物質の $\Delta_f G°$ に係数をかけて両辺それぞれの和をつくる．次に，右辺(生成系)の総和から左辺(原系)の総和を引くと，それが反応のギブズエネルギー変化 $\Delta_r G°$ (rはreaction = 反応)になる．$\Delta_r G° < 0$ なら反応は右に進み，$|\Delta_r G°|$ が大きいほど変化の勢いは強い．

Cl$_2$(g)とH$^+$は約束で $\Delta_f G° = 0$ となる．ほか4物質の $\Delta_f G°$ 値を図4から読みとって和をつくれば，左辺が約 -270 kJ，右辺が約 -370 kJ，差し引き $\Delta_r G° ≒ -100$ kJ だから，反応は右に進む．

どんな反応でも，関係する物質の $\Delta_f G°$ 値を便覧類で調べ，前述のように $\Delta_r G°$ を計算すれば，進む向きを判定できる．$\Delta_f G°$ は，物質の活量(後述)がみな1の場合の値だけれど，G値は活量で大きく変わらないため，反応の向きと勢いをざっと見積もるには $\Delta_f G°$ そのものを使ってよい(後述．なお，反応が現実に進むかどうかは速度論の問題になる)．

$\Delta_f G°$ は，**物質の反応性を凝縮した量**だといえる．標準電極電位 $E°$(第8項)の源ともなる重要なデータだ[*1]．

なお，HやGとちがって，Sだけは絶対値がわかる．その値(絶対エントロピー $S°$)と $\Delta_f H°$ 値から反応の $\Delta_r G°$ 値を計算するのはやさしい．

[*1] 『化学便覧』(丸善，2004年)も無機物800種以上，有機化合物450種以上，イオン200種以上のデータを載せている．

6. 化学ポテンシャル μ

ふつう反応系は，複数物質の粒子の混合物になる．そこで，粒子総数のうち，ある物質の粒子が

占める割合を，その物質の**活量**(activity．記号 a) とよぶ．粒子が多いほど，粒子の「活動範囲」は広い．

物質 1 mol のギブズエネルギー（やはり相対値）を**化学ポテンシャル**という．**事実上 $\Delta_f G°$ と同じ**だが，化学ポテンシャルはギリシャ文字 μ で書く．また，活量 = 1 での値を $\mu°$ として，μ は式⑤のように書ける．対数項はエントロピーに由来し，「広がりたがるパワー」を表す（第 2 項の囲み記事も参照）．

$$\mu = \mu° + RT \ln a \qquad ⑤$$

実験のとき，いちいち粒子の数を考えるのは面倒だ．溶質ならモル濃度，気体なら圧力が測りやすい．そのため物理化学ではこう約束する．

溶質：活量の**代用**にモル濃度 c（単位 mol L^{-1}）を使う．
気体：活量の**代用**に圧力 p（正しくは分圧．単位 atm）を使う．
溶媒：**本来の定義**を使い，薄い溶液なら $a = 1$ とみる（[H$_2$O] = 55.5 mol L^{-1} などとするのはルール違反）
固体：**本来の定義**を使い，純粋な固体なら $a = 1$ とみる．

対数の引数は単位がないので，**代用**の濃度 c も圧力 p も，基準値（$c_0 = 1$ mol L^{-1}, $p_0 = 1$ atm）で割ってあるとみなす（$\ln V$ の V も同様）．

25℃のとき RT は 2.5 kJ mol^{-1} となり，濃度が 10 倍になっても μ は 5.7 kJ mol^{-1} しか増えない．そのため，$\mu°$ の差（つまり $\Delta_r G°$）が数十 kJ 以上の反応なら，$\Delta_f G°$ だけから向きと勢いを判断してよい（前記）．

7. 化学平衡

第 5 項までは「反応の寸前」に注目し，変化が進む「はず」の向きと勢いを G で考えた．変化が始まると反応物（原系）は減り，濃度（活量）が下がる．かたや生成物（生成系）は増え，濃度が上がっていく．

化学変化は粒子がぶつかって起こる．ぶつかる回数は高濃度ほど多いから，しだいに原系のパワーが減って生成系のパワーが増し，最後はこうなる（平衡の条件）．

左辺のギブズエネルギー
= 右辺のギブズエネルギー ⑥

ギブズエネルギーでみたとき，反応の開始（スタート地点）と平衡の到達（ゴール）は**図 5** のイメージになる．

塩化銀の溶解平衡

$$\text{AgCl} \rightleftharpoons \text{Ag}^+ + \text{Cl}^- \qquad ⑦$$

を例に，ゴールの姿を眺めよう．式⑥の関係は，μ を使って次式に書ける．

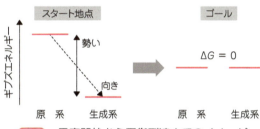

図5 反応開始から平衡到達までのイメージ

$$\mu(\text{AgCl}) = \mu(\text{Ag}^+) + \mu(\text{Cl}^-)$$

式⑤を当てはめる．固体の AgCl は $a = 1$ としてよい．Ag$^+$ と Cl$^-$ の活量 a にはモル濃度 [Ag$^+$] と [Cl$^-$] を代用する．また μ は，各物質の $\Delta_f G°$ で置き換える．以上から式⑧が成り立ち，整理して式⑨の関係を得る．

$$\Delta_f G°(\text{AgCl}) = \Delta_f G°(\text{Ag}^+) + RT \ln[\text{Ag}^+] + \Delta_f G°(\text{Cl}^-) + RT \ln[\text{Cl}^-] \qquad ⑧$$

$$\Delta_f G°(\text{Ag}^+) + \Delta_f G°(\text{Cl}^-) - \Delta_f G°(\text{AgCl}) = -RT \ln([\text{Ag}^+][\text{Cl}^-]) \qquad ⑨$$

⑨の左辺は，⑦を右向き反応とみた標準ギブズエネルギー変化 $\Delta_r G°$ に等しい．右辺の $[Ag^+]$ $[Cl^-]$ は，⑦の平衡定数 K（この例だと溶解度積 K_{sp}）にあたる．一般化して次式を得る（**化学熱力学の基本式**）．

$$\Delta_r G° = -RT \ln K \qquad ⑩$$

式⑩は $\Delta_r G° + RT \ln K = 0$ と書ける．$\Delta_r G° + RT \ln K$ は反応開始後の $\Delta_r G$ だから，基本式は $\Delta_r G = 0$（図 5 右側の平衡条件）を表す．

なお，式⑨の左辺に各物質の $\Delta_f G°$ 値を入れると AgCl の溶解度積 $K_{sp} = [Ag^+][Cl^-]$ が計算でき，結果は 25℃ で 1.7×10^{-10} となる．

8. 標準電極電位 $E°$

教科書や論文では，次のような表記に出合う．その意味を考えよう．

$$Zn^{2+} + 2e^- = Zn$$
$$E° = -0.76\,V \; vs.\,SHE \qquad ⑪$$

式⑪も一種の化学平衡を表す（両辺を「$\rightleftharpoons$」で結んでもよいが，ふつうは「$=$」で結ぶ）．左辺は 1 mol の Zn^{2+} イオンと 2 mol の電子 e^-，右辺は 1 mol の亜鉛 Zn だ．化学平衡だから両辺のギブズエネルギーが等しい（式⑥）．Zn^{2+} のギブズエネルギーは $\Delta_f G°(Zn^{2+})$ とみてよく，単体の Zn は $\Delta_f G° = 0$．では，電子のギブズエネルギー G とは何か？

電子は，$E°$ という電位をもつ金属中だけに存在する．そして電子の電気エネルギーは，基礎物理で学ぶ式⑫に従う．

電気エネルギー（単位 J）
= 電荷量（単位 C）**× 電位**（単位 V） ⑫

電子 2 mol の電荷は，F の 2 倍に負号をつけた値（-193000 C）だから，エネルギーは $-193000 \times E°$（単位 J）となる．$\Delta_f G°(Zn^{2+}) = -147\,kJ\,mol^{-1}$ $= -147000\,J\,mol^{-1}$ と $\Delta_f G°(Zn) = 0$ も式⑪に入れ，$E° = -0.76\,V$ が出る．

残るは「$vs.\,SHE$」の意味だけ．いまと同様，次の平衡を考えよう．

$$2H^+ + 2e^- = H_2 \qquad ⑬$$

H^+ も H_2 も，$\Delta_f G°$ は 0 だった（第 4 項）．すると式⑬の平衡は，$E° = 0.000\,V$ で成り立つ．つまり Zn^{2+}/Zn 系の $E° = -0.76\,V$ は，平衡⑬の電位を原点（ゼロ点）にして測った値だとわかる．

平衡⑬が成り立つ系を**標準水素電極** standard hydrogen electrode（略号 SHE）とよぶ．「$vs.$」＝「…に対する」も合わせ，表記⑪の意味がすべてわかった．

このように，金属−溶質間の電子授受平衡が成り立つ電位を，電子授受系の**標準電極電位**という．電位 E に添えた記号「°」は，第 7 項までと同様，活量 = 1（溶質なら 1 $mol\,L^{-1}$，気体なら 1 atm）を意味する．

また，電子授受系のうち，電子をもらう物質（いまの例では Zn^{2+}）を**酸化体**，出す物質（Zn）を**還元体**とよぶ．

Cu^{2+}/Cu 系なら，$\Delta_f G°(Cu^{2+}) = +65.5\,kJ\,mol^{-1}$ を使い，下記の結果になる．

$$Cu^{2+} + 2e^- = Cu$$
$$E° = +0.34\,V \; vs.\,SHE \qquad ⑭$$

標準電極電位 $E°$ の値は標準生成ギブズエネルギー $\Delta_f G°$ の値から計算し，電子授受（酸化還元）反応の向きと勢いを教える量だから（次項），$E°$ と $\Delta_f G°$ は一卵性双生児の関係にある．

9. $E°$ 値でつかむ変化の向き

第 8 項の結果は図 6 のように表せる．縦軸には，(標準生成)ギブズエネルギーと，それに比例する電位(式⑫参照)の両方を使った．

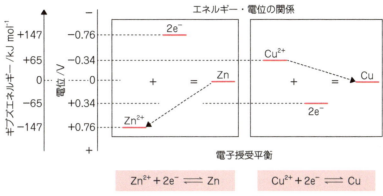

図 6　電子授受平衡 $Zn^{2+} + 2e^- = Zn$ と $Cu^{2+} + 2e^- = Cu$ の解剖

まず，電荷が負の電子は，電位が負なほどエネルギーが高く(不安定)，電位が正なほどエネルギーが低い(安定)．それを縦軸上で確かめよう．

イオン化しやすい(水中に出たい)亜鉛では，Zn^{2+} の濃度を $1\,mol\,L^{-1}$(活量 1)に抑えるため，電子が相対的に負の電位 $E°$ をもつ必要がある．かたやイオン化しにくい銅では，Cu^{2+} の濃度を $1\,mol\,L^{-1}$ という大きな値にするため，電子が相対的に正の電位 $E°$ をもたなければいけない．

以上を一般化しよう．$E°$ 値の低い電子授受系は，還元体(Zn)の還元力が強く，酸化体(Zn^{2+})の酸化力が弱い．かたや $E°$ 値の高い電子授受系は，還元体(Cu)の還元力が弱く，酸化体(Cu^{2+})の酸化力が強い．

要するに，2 種類の電子授受系が共存すると，**$E°$ の低い系の還元体が電子を出し，それを $E°$ の高い系の酸化体が受けとる**——という酸化還元反応が進むだろう．

別の例にして，以下 2 種類の電子授受系を考える(「$vs.$ SHE」は省略)．どの溶質も $1\,mol\,L^{-1}$(活量 1)なら，どんな反応が進むのか？

$$Fe(CN)_6^{3-} + e^- = Fe(CN)_6^{4-}$$
$$E° = +0.36\,V \quad ⑮$$

$$MnO_4^- + 8H^+ + 5e^- = Mn^{2+} + 4H_2O$$
$$E° = +1.51\,V \quad ⑯$$

言葉や式で考えるより，電子エネルギーが上ほど高い軸(上が負，下が正になる電位軸)を頭に置き，図 7 を見ながら考えればよい．

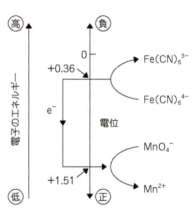

図 7　自然に進む電子授受の向き

$E°$ の値は物質の係数や反応式の表現によらないから，$Fe(CN)_6^{4-}$ が出す電子 e^- を MnO_4^- が受けとる式を書き，係数をそろえればよい．

$$5Fe(CN)_6^{4-} + MnO_4^- + 8H^+$$
$$\longrightarrow 5Fe(CN)_6^{3-} + Mn^{2+} + 4H_2O \quad ⑰$$

このように $E°$ の値は，物質の活量がみな 1（濃度なら $1\,\mathrm{mol\,L^{-1}}$）の場合，電子授受対がどれほど電子を出しやすいか（または受けとりやすいか）を教える[*2]．

10. $E°$ 値と $E°'$ 値：「イオン化列」の素性

$E°$ の源は，溶質が $1\,\mathrm{mol\,L^{-1}}$（活量 $a=1$）のときの $\Delta_f G°$ だった．しかし $1\,\mathrm{mol\,L^{-1}}$ は，溶質間の平均距離がわずか $1\,\mathrm{nm}$（H_2O 分子 3 個分）の高濃度だから，溶質間には強い電気力が働き，その大きさは共存分子やイオンの種類でも変わる．そのため $\Delta_f G°$ 値は，低濃度での測定値を（理論式に従い）$1\,\mathrm{mol\,L^{-1}}$ に外挿して得る．つまりこの $1\,\mathrm{mol\,L^{-1}}$ は，粒子どうしの相互作用をゼロとみた「仮想の濃度」だという点に注意しよう．

$E°$ に対応する**実測値**を**式量電位**といい，プライム記号「′」をつけて $E°'$ と書く．$E°$ と $E°'$ には差があって，Fe^{3+}/Fe^{2+} 系だと，$E° = +0.77\,\mathrm{V}$ のところ，$1\,\mathrm{mol\,L^{-1}}$ 硫酸中での測定値 $E°'$ は $+0.68\,\mathrm{V}$ となる．$E°$ と $E°'$ の差が $0.2\sim 0.3\,\mathrm{V}$ 以上になる電子授受系も珍しくない．

高校では「水溶液中でイオン化しやすい順」だと教える「イオン化列」は，図 8 右列の金属（M）15 種ほどを，M^{n+}/M 系の $E°$ 値の順に並べたものだ．そのため現実の溶液中では，同じ順にイオン化しやすいとはかぎらない．

たとえば電池の原理を教える実験で，$E°$ 値の近い金属 2 種（Sn と Pb，Hg と Ag など）をつないだとき，どちらが正極・負極になるかは，金属を浸す水溶液の組成をいじれば変わってしまう．

また，水と反応しやすいアルカリ金属間の序列や，安定な貴金属どうしの序列はつかみにくい．高校レベルなら，$E°$ 値の間隔が十分に広く，ラフな実験でも序列がまず狂わない 10 個（Na, Mg, Al, Zn, Fe, Pb, H_2, Cu, Ag, Au）くら

いにとどめるべきだろう．

式量電位 $E°'$ には，$\Delta_f G°$ 値の不確かな電子授受対（有機化合物や生体分子）についての実測値もある[*3]．

[*2] そうした面でたいへん役に立つ量だから，『化学便覧』（丸善，2004 年）にも電子授受対 400 種ほどの $E°$ 値が載せてある．

[*3] 実験の現場で役立つため，『化学便覧』（丸善，2004 年）は $E°'$ 値データの紹介に約 10 ページも割いている．

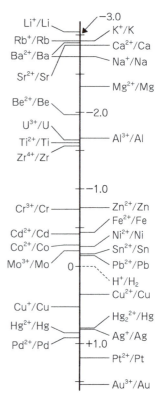

図 8　M^{n+}/M 系の標準電極電位 $E°$
（単位 V *vs.* SHE）

章末問題の略解

1章

1. 質量欠損や電子の質量は無視する．$^{35}_{17}\text{Cl}$ は「陽子 17 個＋中性子 18 個」だから，原子量は次の値になる．

$$m_{35} = (1.673 \times 10^{-27} \times 17 + 1.675 \times 10^{-27} \times 18)$$
$$\times 6.023 \times 10^{23}\,\text{kg} = 35.29 \times 10^{-3}\,\text{kg}$$

　同様に，$^{37}_{17}\text{Cl}$ の原子量は次の値をもつ．

$$m_{37} = (1.673 \times 10^{-27} \times 17 + 1.675 \times 10^{-27} \times 20)$$
$$\times 6.023 \times 10^{23}\,\text{kg} = 37.31 \times 10^{-3}\,\text{kg}$$

　同位体比を使い，塩素の原子量は次の値になる（実際の 35.45 とは少しちがう）．

$$\overline{m} = 35.29 \times 0.758 + 37.31 \times 0.242 = 35.8$$

2. $n = 1$ での全エネルギーは $E = -me^4/(8\varepsilon_0^2 h^2)$ と書ける．ポテンシャルエネルギー U は，$n = 1$ の軌道半径 $r = h^2\varepsilon_0/(\pi me^2)$ を使って次式のように書ける．

$$U = -\frac{e^2}{4\pi\varepsilon_0 r} = -\frac{me^4}{4\varepsilon_0^2 h^2}$$

　すると運動エネルギーは式 (1.10) より次のように表せる．

$$\frac{1}{2}mv^2 = -\frac{me^4}{8\varepsilon_0^2 h^2} - \left(-\frac{me^4}{4\varepsilon_0^2 h^2}\right) = \frac{me^4}{8\varepsilon_0^2 h^2}$$

　以上から電子の速度は次のようになり，光速の 0.7% 程度だとわかる．

$$v = \sqrt{\frac{e^4}{4\varepsilon_0^2 h^2}} = \frac{e^2}{2\varepsilon_0 h}$$
$$= \frac{(1.60 \times 10^{-19})^2}{2 \times 8.85 \times 10^{-12} \times 6.63 \times 10^{-34}}\,\text{m s}^{-1}$$
$$= 0.0219 \times 10^8\,\text{m s}^{-1}$$

3. $n = 2$ を式 (1.5) に代入する．波長 λ の逆数はこうなる．

$$\frac{1}{\lambda} = R\left(\frac{1}{1^2} - \frac{1}{2^2}\right) = 0.75R$$
$$= 0.75 \times 1.10 \times 10^7\,\text{m}^{-1} \approx 8.25 \times 10^6\,\text{m}^{-1}$$

　すると波長 λ は $\dfrac{1}{8.25 \times 10^6}$ m $= 1.21 \times 10^{-7}$ m $= 121$ nm になる．

4. 光速の 1% で飛ぶ電子のド・ブロイ波長は，次の値（ボーア半径の 4～5 倍）になる．

$$\lambda = \frac{h}{mv} = \frac{(6.63 \times 10^{-34})}{(9.11 \times 10^{-31}) \times (3.00 \times 10^6)}\,\text{m}$$
$$= 2.43 \times 10^{-10}\,\text{m} = 0.243\,\text{nm}$$

2章

1. イオン化エネルギーとは，最安定の原子から電子 1 個を引き離すのに要するエネルギーをいう．H 原子では $n = 1$ と $n = \infty$ のエネルギー差だから，

$$E_\infty - E_1 = 0 - (-13.6) = 13.6\,\text{eV}\ \text{となる．}$$

2. 波動関数の節は，主量子数が n のとき $n-1$ 個ある．H 原子のエネルギーは主量子数 n だけで決まり，n が大きいほど高い（一般に，節が多いほどエネルギーが高い）．

3. 式 (2.20) のエネルギーの単位を J に変換して

$$\frac{13.6 \times 1.60 \times 10^{19}}{ch} = R\ (\text{m}^{-1})$$

$$\frac{13.6 \times 1.60 \times 10^{19}}{3.00 \times 10^8 \times 6.63 \times 10^{-34}} = 1.10 \times 10^7\,\text{m}^{-1}$$

3章

1. 塩素は 17 番元素だから，電子配置は「$\text{Cl} : 1\text{s}^2\,2\text{s}^2\,2\text{p}^6\,3\text{s}^2\,3\text{p}^5$」となる．

2. F^- はフッ素（9 番元素）の陰イオンで，電子を 10 個もつため，電子配置は「$\text{F}^- : 1\text{s}^2\,2\text{s}^2\,2\text{p}^6$」となる．

3. 電子 1 個と核（+2 電荷）から He^+ ができるときの安定化エネルギーは $-13.6 \times 4 = -54.4$ eV（本文 p.47 参照）．イオン化はその逆変化だから第二イオン化エネルギーは，54.4 eV になる．

4章

1. 構成原子の価電子は計 $5 \times 2 = 16$ 個ある．どの原子も電子を共有せず，価電子 8 個をもつなら $8 \times 3 = 24$ 個が必要．つまり 8 個が不足するため，結合は 4 本となり，その 4 本を，二重結合 2 個とするか，単結合 1 個と三重結合 1 個にする場合がありうる．形式電荷が「穏やかな姿」になるものとして，下図の共鳴構造が考えられる．

2. F_2 は O_2 より電子が 2 個だけ多い．図 4.19 にならうと，2 個の電子はいちばん上の軌道に入る．その軌道は反結合性だから，式 (4.1) より次のように結合次数は 1 となる．

$$\text{結合次数} = \frac{(\text{結合性軌道にある電子の数10}) - (\text{反結合性軌道にある電子の数8})}{2} = 1$$

3. I 原子のまわりには，共有電子対 5 個と非共有電子対 1 個がある．その 6 個は，I 原子を中心にして xyz 軸上の 6 方向に張り出し，うちひとつを非共有電子対が占める．その反発により，張り出した F 原子が下側に押され，下図の構造になるだろう．

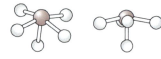

5章

1. 双極子モーメントと結合距離から，実質電荷 q は
$$\frac{1.82 \times 3.336 \times 10^{-30} \text{ Cm}}{0.092 \times 10^{-9} \text{ m}} = 6.6 \times 10^{-20} \text{ C}$$ となる．q を電気素量 1.602×10^{-19} C で割れば 0.41，つまりかたよりの度合いは 41% だから，0.41 個分の電子が移動しているといえる．

2. マクスウェル・ボルツマン分布の式(5.9)を v で微分して 0 と置けば，最大確率速度 v_m は $\sqrt{2kT/m}$ だとわかる．

3. 式 (5.21) に $n = 1.0000$ mol, $R = 8.3145$ J K^{-1} mol^{-1}, $T = 273.15$ K, $V = 0.022414$ m^3, $b = 0.0429 \times 10^{-3}$ m^3 mol^{-1}, $a = 3.658 \times 0.1$ Pa m^6 mol^{-2} を代入し (1 bar = 10^5 Pa, 1 dm^6 = 10^{-6} m^6 を使って換算)，$P = 100792$ Pa を得る (理想気体の値 101325 Pa より 534 Pa だけ低い)．

6章

1. 気体は $W = P\Delta V = 1.00 \times 10^5$ Pa $\times$ 100 cm^3 = 1.00×10^5 Pa $\times 10^{-4}$ m^3 = 10.0 J の仕事をする．

2. $\Delta H = 0.20$ mol $\times 25.5$ kJ mol^{-1} = 5.1 kJ より，$\Delta U = \Delta H - P\Delta V = \Delta H - \Delta nRT = 5100$ J $-$ 0.20 mol $\times 300$ K $\times 8.314$ J K^{-1} mol^{-1} = 4.6 kJ となる (下図)．

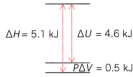

図 蒸発に伴う ΔH と ΔU の関係

3. エタンの燃焼反応 $C_2H_6(g) + \frac{7}{2} O_2(g) \rightarrow 2CO_2(g) + 3H_2O(l)$ につき，$\Delta_\text{f}H°$ の(重みつき)総和を両辺で比べる．簡単な計算で左辺は -84.7 kJ，右辺は -1644.4 kJ だとわかり，標準反応エンタルピー $\Delta_\text{r}H°$ は -1559.7 kJ となる．

4. 【体積一定】もらった熱の全部が系の温度を上げる．【圧力一定】もらった熱の一部は膨張仕事に使われるため，その分だけ温度上昇は少ない．温度が上昇しやすいほど熱容量は小さいので，$C_\text{v,m}$ より $C_\text{p,m}$ のほうが大きい．

7章

1. エントロピーの定義より，次のようになる．
$$\Delta S = \frac{Q}{T} = \frac{100 \text{ J}}{300 \text{ K}} = 0.33 \text{ J K}^{-1}$$

2. 両辺で標準エントロピーの和を求める．
左辺 $= S_\text{m}°(\text{C}) + S_\text{m}°(\text{O}_2) = 5.74 + 205.14$ J K^{-1}
右辺 $= S_\text{m}°(\text{CO}_2) = 213.74$ J K^{-1}
標準反応エントロピーは $\Delta_\text{r}S° = 213.74 - 210.88$ Jk^{-1} = 2.86 J K^{-1}．

3. $\Delta_\text{r}G° = \Delta_\text{f}G°(\text{C}_6\text{H}_6) - 3\Delta_\text{f}G°(\text{C}_2\text{H}_2) = 124.3 - 3 \times 209.2$ kJ $= -503.3$ kJ

8章

1. HI の濃度を x とすれば，H$_2$ の濃度は $[\text{H}_2] = \frac{1}{2}([\text{HI}]_0 - x)$ と書ける．式(8.13)から出る $x = \frac{[\text{HI}]_0}{kt[\text{HI}]_0 + 1}$ を代入して変形すると，最終的に $[\text{H}_2] = \frac{\frac{1}{2}kt[\text{HI}]_0^2}{kt[\text{HI}]_0 + 1}$ が得られる．

2. $k[\text{NO}][\text{O}_3]$ の値が「毎秒の反応分子数」にあたる．$[\text{NO}] = [\text{O}_3] = 1.0 \times 10^{10}$ cm^{-3} のとき：$k[\text{NO}][\text{O}_3] = 1.8 \times 10^6$ cm^{-3} s^{-1} だから反応率は 0.018%. $[\text{NO}] = [\text{O}_3] = 1.0 \times 10^{11}$ cm^{-3} のとき：$k[\text{NO}][\text{O}_3] = 1.8 \times 10^8$ cm^{-3} s^{-1} だから反応率は 0.18%.

3. 二次方程式を解けば根(オゾン濃度)は次のように求まる．
$$[\text{O}_3] = \frac{-k_1k_4[\text{O}_2] \pm \sqrt{k_1^2 k_4^2 [\text{O}_2]^2 + 4k_1k_3k_2k_4[\text{O}_2]^2[\text{M}]}}{2k_3k_4}$$

正値だけ採り，第三体は大過剰とみて次のように近似する．
$$[\text{O}_3] = \frac{\sqrt{k_1^2 k_4^2 [\text{O}_2]^2 + 4k_1k_3k_2k_4[\text{O}_2]^2[\text{M}]} - k_1k_4[\text{O}_2]}{2k_3k_4}$$
$$\sim \frac{\sqrt{4k_1k_3k_2k_4[\text{O}_2]^2[\text{M}]}}{2k_3k_4} = \sqrt{\frac{k_1k_2[\text{M}]}{k_3k_4}}[\text{O}_2] \propto \sqrt{k_1}[\text{O}_2]$$

9章

1. 分圧は CO$_2$ が 10 bar, CO が 40 bar となる．固体の C(s) は無視し，平衡定数は次のように計算できる．
$$K_\text{p} = \frac{P_\text{CO}^2}{P_\text{CO}_2} = \frac{40^2}{10} = 160$$

2. $\Delta_\text{r}G° = +91.5$ kJ を使って次のように計算する．
$[\text{Ag}^+][\text{I}^-] = e^{-\frac{\Delta_\text{r}G°}{RT}} = e^{-\frac{91.5 \times 10^3}{8.31 \times 298}} = 9.0 \times 10^{-17}$
溶解度の序列は AgCl $>$ AgBr $>$ AgI.

3. 平衡定数は次式のように書ける．
$$K = \frac{[\text{CH}_3\text{COO}^-][\text{H}^+]}{[\text{CH}_3\text{COOH}]} = e^{-\frac{\Delta_\text{r}G°}{RT}}$$
$K = 1.78 \times 10^{-5}$ を使い，$\Delta_\text{r}G°$ 値を計算する．
$\Delta_\text{r}G° = -RT \ln K = +27.1$ kJ
わかっている値を $\Delta_\text{r}G° = \Delta_\text{f}G°(\text{CH}_3\text{COO}^-) - \Delta_\text{f}G°(\text{CH}_3\text{COOH})$ に入れ，$\Delta_\text{f}G°(\text{CH}_3\text{COOH}) = -392.5$ kJ mol^{-1} を得る．

章末問題の略解　179

10 章

1.
$$E = \frac{\Delta G}{nF} = \frac{560.8 \times 10^3 \text{ J}}{2 \text{ mol} \times (96500 \text{ C mol}^{-1})} = +2.91 \text{ V}$$

2. $E°(\text{Ni}^{2+}/\text{Ni}) = -0.26$ V と $E°(\text{Fe}^{2+}/\text{Fe}) = -0.45$ V ($\Delta E° = 0.19$ V) をネルンストの式に入れ，次の結果を得る．

$$\Delta E = 0.19 \text{ V}$$
$$- \frac{8.314 \text{ J K}^{-1} \text{ mol}^{-1} \times 298.15 \text{ K}}{2 \times 96500 \text{ C mol}^{-1}} \ln 20 = 0.15 \text{ V}$$

3. 式(10.32)～式(10.36)を使い，$\Delta E° = 1.10$ V などから次の結果を得る．

$$K = \frac{[\text{Zn}^{2+}]_{\text{eq}}}{[\text{Cu}^{2+}]_{\text{eq}}} = 1.5 \times 10^{37}$$

11 章

1. 11.4 節の注記 1 の式より，$\frac{1240}{445} = 2.79$ eV となる．

2. 換算質量は次のようになる．

$$\mu = \frac{m_1 m_2}{m_1 + m_2} = \frac{\left(\frac{79 \times 10^{-3}}{6.02 \times 10^{23}}\right) \times \left(\frac{19 \times 10^{-3}}{6.02 \times 10^{23}}\right)}{\left(\frac{79 \times 10^{-3}}{6.02 \times 10^{23}}\right) + \left(\frac{19 \times 10^{-3}}{6.02 \times 10^{23}}\right)}$$
$$= 2.54 \times 10^{-26} \text{ kg}$$

励起エネルギー $\Delta E = \frac{h}{2\pi}\sqrt{\frac{k}{\mu}}$ と $1 \text{ eV} = 1.602 \times 10^{-19}$ J より，バネ定数は次のように計算できる．

$$k = \left(\frac{2\pi \Delta E}{h}\right)^2 \mu$$
$$= \left(\frac{2 \times 3.14 \times 0.0471 \times 1.602 \times 10^{-19}}{6.626 \times 10^{-34}}\right)^2$$
$$\times 2.54 \times 10^{-26} = 129.9 \text{ N m}^{-1}$$

3. 慣性モーメントの式 $I = \frac{\hbar^2}{\Delta E}$ に値を入れる．

$$I = \frac{(6.626 \times 10^{-34})^2}{(2 \times 3.14)^2 \times 4.2 \times 10^{-4} \times 1.602 \times 10^{-19}}$$
$$= 1.65 \times 10^{-46} \text{ kg m}^2$$

$\text{N}^{14}\text{O}^{16}$ 分子の換算質量 $\mu = 1.24 \times 10^{-26}$ kg を使い，結合長 r は次のようになる．

$$r = \sqrt{\frac{I}{\mu}} = \sqrt{\frac{1.65 \times 10^{-46}}{1.24 \times 10^{-26}}} = 1.15 \times 10^{-10} \text{ m}$$

索　引

●欧文・数字

pK_a	132
sp^2 混成軌道	59
sp^3 混成軌道	58
sp 混成軌道	59
vs. SHE	138
VSEPR モデル	56
π 結合	59
π 電子共役系	156
1s 状態	30
2p 状態	31
2s 状態	30
3d 状態	33

●あ

アインシュタイン	10, 164
——の式	164
アストン	164
圧力	75
アルカリ金属	38
アルカリ土類金属	38
アレニウス	111, 167
——の式	111
アンモニア	57
——合成	168
イオン化エネルギー	48, 68
異核二原子分子	64
位置エネルギー	13
一次反応	109
運動エネルギー	13
運動量	24
X 線	149
塩橋	136
演算子	23
炎色反応	46
遠心力	13
エンタルピー	1, 82, 83
エントロピー	1, 94, 162
オクテット則	53, 162
オゾン	6, 108

●か

回折格子	151
回転状態	154
回転量子数	158
化学結合論	162
化学平衡	121, 166
化学ポテンシャル	122, 141, 143, 161
可逆	95
核	7
角運動量	17
核間距離	60
核力	7
可視光	11, 149
活性化エネルギー	107, 145, 167
活性化障壁	108, 145
活量	130, 142
価電子	52
還元剤	4
還元体	137
換算質量	157
慣性モーメント	158
擬一次反応	113
貴ガス	38
——電子配置	44
気体定数	74, 94
基底状態	16, 33, 46, 153
起電力	136
軌道	28, 38
——エネルギー	48
——角運動量	19
ギブズ	1, 161
——エネルギー	1, 100, 161
——変化	3, 123, 141
吸光度	152
吸収極大波長	155
吸収スペクトル	11, 150
吸熱反応	81
凝固点降下	1
共鳴	54
共役鎖	157
共役二重結合	156
共有結合	51
共有電子対	55, 62
行列力学	24
極限構造	54
極性	64, 67
許容遷移	153
禁制遷移	153
クーロンエネルギー	24
クーロン力	13
蛍光	153

形式電荷	55
結合解離エネルギー	80, 155
結合距離	63
結合次数	63
結合性軌道	60
原子核	7
原子軌道	38
原子スペクトル	46
原子の構造原理	166
原子番号	8
交換電流密度	142
光子	17
構成原理	38
光速	150
光電効果	164
黒体放射	163
固有エネルギー	23
固有関数	23
固有値	23, 27
——問題	24
固有ベクトル	27
孤立電子対	53
混合	123
混成軌道	58, 166

●さ

最外殻	47
——電子	52
酸解離定数	132
酸化還元反応	136, 141
——式	141
酸化体	137
三元触媒	4
三次反応	114
三重結合	59
三態	72
紫外線	11, 108, 149
磁気量子数	27, 44
式量電位	145
仕事	84
実在気体	77
質量欠損	10, 164
質量数	8
自発反応	121
遮蔽	48
周期表	37, 162
周期律	37
自由エネルギー	105
自由度	154
シュテファン・ボルツマンの法則	162
主量子数	26, 27, 36, 44
シュレーディンガー	22, 165
——方程式	22
準位	16

状態変化	99
触媒	3, 4, 108
進行度	124
振動状態	154
振動数	150
振動スペクトル	157
水槽モデル	117
水素結合	77
スピン	40
——量子数	165
正極	135
生体の窓	159
静電エネルギー	24
赤外吸収スペクトル	157
赤外線	11, 149
全エネルギー	24
前期量子論	19, 164
双極子モーメント	70, 166
相律	161
速度式	109
速度定数	109, 128
束縛エネルギー	105
素反応	109

●た

ダニエル電池	136, 142
単色光	150
逐次反応	114
窒素酸化物	3
チャップマンモデル	118
中性子	9
超臨界状態	72
定圧モル熱容量	92
定在波	19
定常状態近似	115, 119
定積モル熱容量	92
デバイ	70, 166
デュエット則	56
電圧	135
電位	135
電解	147
——生成物	148
——電流	146
電荷量	137
電気陰性度	64, 67, 166
電子	7
——雲	8, 21
——殻	44
——授受反応	136
——状態	153
——親和力	68
——対反発モデル	56
——配置	40
電磁波	149

電離平衡	133
電流密度	142
ド・ブロイ	17, 164
——波	17
同位体	9
動径関数	26
動径成分	26
動径分布関数	33
統計力学	161
銅族	38
特性 X 線	163

●な

内殻	47, 49
——電子	49
内部エネルギー	84, 85, 96
等核二原子分子	64
二次反応	111
尿素	4
——選択触媒還元法	4
熱化学方程式	87
熱力学第一法則	84, 85, 90
熱力学第二法則	101, 161
ネルンスト	142, 168
——の式	142, 168

●は

バール	76
排除体積	77
ハイゼンベルク	24
パウリ	40, 165
——の排他律	40, 61, 165
パスカル	76
波長	12, 150
白金族	38
発光スペクトル	11
発光線	35
パッシェン系列	12
発熱反応	81
波動関数	25
波動力学	165
ハーバー	167
バネ定数	157
ハミルトニアン	22
バルマー系列	12
ハロゲン	38
反結合性軌道	60
半電池	136
反応エンタルピー	87, 88
反応ギブズエネルギー	127
反応速度式	109, 167
反応速度定数	109
反応速度論	107
反応熱	80

反応の第三体	114, 119
反応の速さ	109
半反応	136
光解離	118, 120
非共有電子対	53, 55
非極性分子	69
比熱容量	90
標準圧力	131
標準エントロピー	97
標準化学ポテンシャル	122
標準起電力	142, 144
標準状態	81, 122, 141
標準蒸発エントロピー	99
標準水素電極	138
標準生成エンタルピー	88, 98
標準生成ギブズエネルギー	3, 103, 107
標準電極電位	138, 148
標準反応エントロピー	98
標準反応ギブズエネルギー	103, 104, 121, 142
標準モルエントロピー	97
標準融解エントロピー	99
ファラデー定数	137, 146
ファントホッフ	166
ファンデルワールス	72, 167
——定数	78
——力	72
負極	135
副殻	45
節	30
——面	30
物質波	22, 164
沸点上昇	1
プランク	36, 163
——定数	152
分圧	77, 128
分光器	151
分散力	71
分子運動論	162
分子間力	72, 167
分子軌道	60, 61
——法	166
フントの規則	41
閉殻	45
平衡状態	125
平衡定数	128, 144
並進運動	73
並列反応	116
ヘリウム原子	41
ヘルムホルツ	161
方位量子数	27, 44
放射壊変	163
放射性同位体	9, 165
ホウ素	41
ボーア	13, 164

——原子	16
——の仮説	14
——の振動数条件	17
——の量子条件	14, 19
——半径	15, 30, 34
——モデル	36
ポテンシャルエネルギー	13
ボッシュ	168
ポーリング	69, 168
ボルツマン	73, 94, 162
——定数	94, 162
——の式	94
ボルン-ハーバーサイクル	167

●ま

マイクロ波	149
——スペクトル	158
マイヤーの式	92
マクスウェル	73, 161
——・ボルツマン分布	73, 162
マリケン	68, 166
水分子	57
無極性分子	69
モーズリー	162
モル吸光係数	152
モル熱容量	90
モル分率	77

●や・ら・わ

有効電荷	65
溶解度積	134
溶解平衡	133
陽子	7
余剰熱	82
四フッ化硫黄	57
ライマン系列	12
ラザフォード	163
ランベルト-ベールの法則	152
理想気体	77
——の状態方程式	96
リチウム原子	41
リビー	165
硫化ジメチル	6
リュードベリ定数	18, 36, 46
量子化状態	16
量子数	16
量子力学	8, 22, 162, 165
量論係数	126
リン光	153
ルイス	52, 162
——塩基	162
——構造	52, 162
——酸	162
——の記号	52
ルシャトリエの原理	130
励起状態	16, 46, 153
ローンペア	53

真船　文隆（まふね　ふみたか）
東京大学大学院総合文化研究科教授．博士（理学）
1966 年　神奈川県生まれ．
1994 年　東京大学大学院理学系研究科博士課程修了．
東京大学助手，豊田工業大学助手，同助教授，東京大学准教授を経て，2010 年より現職．
専門は物理化学，クラスター物理化学．

渡辺　正（わたなべ　ただし）
東京理科大学教育支援機構理数教育研究センター教授．工学博士
1948 年　鳥取県生まれ．
1976 年　東京大学大学院工学系研究科博士課程修了．
東京大学助手，講師，助教授を経て，1992 年より同大学生産技術研究所教授，2012 年より名誉教授．
専門は生体機能化学，光化学，電気化学，環境科学．

化学はじめの一歩シリーズ2　物理化学

第1版　第1刷　2016年7月15日	著　者	真船文隆
第11刷　2025年2月10日		渡辺　正
	発行者	曽根良介
検印廃止	発行所	㈱化学同人

JCOPY 〈出版者著作権管理機構委託出版物〉
本書の無断複写は著作権法上での例外を除き禁じられています．複写される場合は，そのつど事前に，出版者著作権管理機構（電話 03-5244-5088，FAX 03-5244-5089，e-mail: info@jcopy.or.jp）の許諾を得てください．

本書のコピー，スキャン，デジタル化などの無断複製は著作権法上での例外を除き禁じられています．本書を代行業者などの第三者に依頼してスキャンやデジタル化することは，たとえ個人や家庭内の利用でも著作権法違反です．

〒600-8074　京都市下京区仏光寺通柳馬場西入ル
編集部　Tel 075-352-3711　Fax 075-352-0371
企画販売部　Tel 075-352-3373　Fax 075-351-8301
振替　01010-7-5702
e-mail　webmaster@kagakudojin.co.jp
URL　https://www.kagakudojin.co.jp
印刷・製本　㈱ウイル・コーポレーション

Printed in Japan ©Fumitaka Mafune, Tadashi Watanabe　2016　ISBN978-4-7598-1632-7
乱丁・落丁本は送料小社負担にてお取りかえします．無断転載・複製を禁ず

エネルギーの単位の換算表

単　　位	kJ mol^{-1}	kcal mol^{-1}	eV
1 kJ mol^{-1}	1	0.239006	1.03643×10^{-2}
1 kcal mol^{-1}	4.184	1	4.33641×10^{-2}
1 eV	96.4853	23.0605	1

圧力の単位の換算表

単　　位	Pa	atm	Torr
1 Pa	1	0.98692×10^{-5}	7.5006×10^{-3}
1 atm	101325	1	760
1 Torr	133.322	1.31579×10^{-3}	1

$1 \, \text{Pa} = 1 \, \text{N m}^{-2} = 1 \, \text{J m}^{-3} = 10^{-5} \, \text{bar}$

SI 接頭語

大きさ	SI 接頭語	記号	大きさ	SI 接頭語	記号
10^{-1}	デ　シ(deci)	d	10	デ　カ(deca)	da
10^{-2}	セン チ(centi)	c	10^{2}	ヘク ト(hecto)	h
10^{-3}	ミ　リ(milli)	m	10^{3}	キ　ロ(kilo)	k
10^{-6}	マイクロ(micro)	μ	10^{6}	メ　ガ(mega)	M
10^{-9}	ナ　ノ(nano)	n	10^{9}	ギ　ガ(giga)	G
10^{-12}	ピ　コ(pico)	p	10^{12}	テ　ラ(tera)	T
10^{-15}	フェムト(femto)	f	10^{15}	ペ　タ(peta)	P
10^{-18}	ア　ト(atto)	a	10^{18}	エク サ(exa)	E

ギリシャ文字

ギリシャ文字	読み方	ギリシャ文字	読み方	ギリシャ文字	読み方
A α	アルファ	I ι	イオタ	P ρ	ロー
B β	ベータ	K κ	カッパ	Σ σ	シグマ
Γ γ	ガンマ	Λ λ	ラムダ	T τ	タウ
Δ δ	デルタ	M μ	ミュー	Y υ	ウプシロン
E ε	イプシロン	N ν	ニュー	Φ φ	ファイ
Z ζ	ゼータ	Ξ ξ	グザイ	X χ	カイ
H η	イータ	O o	オミクロン	Ψ ψ	プサイ
Θ θ	シータ	Π π	パイ	Ω ω	オメガ